Shrikant Chavate
Ravi Mishra
Santosh Kumar Singh

Abordagens óptimas para a deteção de limites de imagens de vídeo

Shrikant Chavate
Ravi Mishra
Santosh Kumar Singh

Abordagens óptimas para a deteção de limites de imagens de vídeo

Deteção de limites de imagens de vídeo

ScienciaScripts

Imprint

Any brand names and product names mentioned in this book are subject to trademark, brand or patent protection and are trademarks or registered trademarks of their respective holders. The use of brand names, product names, common names, trade names, product descriptions etc. even without a particular marking in this work is in no way to be construed to mean that such names may be regarded as unrestricted in respect of trademark and brand protection legislation and could thus be used by anyone.

Cover image: www.ingimage.com

This book is a translation from the original published under ISBN 978-620-7-46749-5.

Publisher:
Sciencia Scripts
is a trademark of
Dodo Books Indian Ocean Ltd. and OmniScriptum S.R.L publishing group

120 High Road, East Finchley, London, N2 9ED, United Kingdom
Str. Armeneasca 28/1, office 1, Chisinau MD-2012, Republic of Moldova, Europe
Printed at: see last page
ISBN: 978-620-7-92425-7

Conteúdo

Reconhecimento

Antes de mais, louvo e agradeço a NOSSO SENHOR ALTÍSSIMO pela sabedoria e força que me concedeu.

Estou em dívida para com o meu mentor que me ajudou a concluir este livro. Estou muito grato aos autores deste livro pela sua valiosa contribuição.

Estou muito grato a todos os investigadores que fizeram uma investigação notável no domínio da deteção de limites de filmagens de vídeo.

Reconheço o meu profundo sentimento de gratidão a todos os meus familiares, colegas e amigos pelo seu apoio em todos os momentos.

Prefácio

A deteção de limites de imagens de vídeo (SBD) é crucial para aplicações de processamento de vídeo, incluindo a indexação, a navegação e a recuperação de vídeos. A troca de informações através de vídeo é muito popular e existe uma enorme coleção de informações de vídeo disponíveis na Internet. Na recuperação e indexação de vídeos, a deteção correcta dos limites dos planos é uma tarefa essencial. Existem dois tipos de deteção de limites de planos, como a transição abrupta e a transição gradual, a identificação de planos continua a ser difícil, especialmente quando há transições graduais no vídeo. O método sugerido detecta com precisão as transições abruptas e graduais, nomeadamente o fade-in e o fade-out. Este método utiliza a ação de filtragem FAPG que ajuda a reduzir a falsa deteção sob efeitos de iluminação.

Nesta investigação, a Transformada Wavelet Complexa de Árvore Dupla (DTCWT) e a Transformada de Walsh Hadamard (WHT) são combinadas para extrair as características do vídeo. Para reduzir o ruído nos fotogramas, a filtragem é utilizada na fase de pré-processamento. Para uma classificação fiável das transições graduais, a técnica sugerida utiliza a Deep Belief Network (DBN). Mesmo na presença de iluminações, esta abordagem identifica com precisão os disparos. As experiências são realizadas utilizando o conjunto de dados TRECVID 2007 e alguns dos vídeos arquivados na Internet do TRECVID 2016, 2017, 2018 e 2019. Além disso, recolhemos alguns vídeos abertos para fins experimentais. Com o uso de métricas de desempenho como Precisão, Taxa de Recuperação e Pontuação F1, a abordagem sugerida supera as estratégias SBD anteriores.

INTRODUÇÃO

Nas últimas duas décadas, registaram-se melhorias rápidas no domínio do fluxo multimédia, que é o meio mais preferido para o intercâmbio de informações. Este facto criou uma enorme base de dados de vídeos no ciberespaço. Por exemplo, o YouTube, que é conhecido como o meio mais popular para procurar os conteúdos de vídeo desejados. De acordo com o inquérito mais recente, a cada minuto, são carregadas centenas de horas de vídeos no YouTube. Todos os dias, são vistos milhares de milhões de vídeos no YouTube. Há muitas utilizações importantes da informação multimédia em sectores como a ciência e a tecnologia, a educação, a comunicação nos meios de comunicação social, a publicidade, o entretenimento, etc. Para tirar o máximo partido dessas informações, o processamento de vídeo utiliza várias técnicas, como a indexação e a pesquisa de vídeo, a recuperação de vídeo, a vigilância por vídeo, a extração de dados de vídeo, etc.

a) **Indexação de vídeo:** Para manipular documentos de vídeo, efetuar pesquisas e navegar em vídeos, é necessário um índice que represente o conteúdo do vídeo. O armazenamento de dados multimédia em bibliotecas digitais e a recuperação de vídeos com base em perfis de utilizadores requerem indexação.

b) **Vigilância visual:** Para compreender o comportamento do objeto, inclui essencialmente o seguimento e a identificação do objeto. A vigilância por vídeo serve este objetivo.

c) **Extração de dados de vídeo:** A extração de dados é exemplificada através da recuperação de vídeo com base no conteúdo. A extração de dados apresenta algumas dificuldades porque um objeto pode aparecer de um ângulo diferente, com um flash, com um nível de zoom diferente ou de outra forma.

d) **Sumarização de vídeo:** É um método para representar o conteúdo de vídeo de uma forma sistemática e organizada de acordo com o tempo, sequência de eventos, etc.

A utilização de aplicações como a análise de vídeo, a interpretação de vídeo, a recuperação de vídeo, etc., ainda apresenta alguns desafios, apesar dos numerosos esforços efectuados para melhorar a tecnologia de processamento de vídeo digital. A componente fundamental destas aplicações de vídeo é a deteção de limites de disparos (Shot Boundary Detection - SBD), que também é considerada um passo importante e um pré-requisito para os sistemas de processamento de vídeo.

Há vários métodos e técnicas de SBD descritos na literatura, mas há ainda problemas de investigação importantes em aberto. Por exemplo, pode ser difícil identificar transições em várias condições de iluminação. Isto torna a identificação dos limites dos planos uma tarefa difícil. Muitos dos métodos listados no estado da arte também não mostram como avaliar alternativas de computação para a descontinuidade do conteúdo.

Por conseguinte, é necessário desenvolver um sistema que detecte todos os tipos de transições de tiro e que seja resistente aos efeitos da iluminação.

1.1 Estrutura do vídeo:

Uma imagem em movimento é criada através da junção de várias sequências de imagens numa fonte visual multimédia conhecida como vídeo. O conteúdo de vídeo é constituído por componentes de áudio que correspondem às imagens vistas no ecrã. Um fotograma é uma única imagem fixa que faz parte de toda a imagem em movimento.

Os quatro níveis básicos são,

a. **Nível de fotogramas:** Cada quadro é processado e tratado separadamente neste nível, no qual não é necessária nenhuma análise temporal. A sequência de vários fotogramas juntos forma o vídeo. Na maioria das vezes, realizamos as operações nos quadros considerando a unidade primitiva.

b. Nível de disparo: É um conjunto de fotogramas sequenciais produzidos pela gravação contínua da câmara. Os vídeos devem ser divididos em planos utilizando informação temporal.

c. Nível da cena: Uma cena é um grupo de imagens que têm uma caraterística semântica comum.

d. Nível de vídeo: A totalidade de um único item de vídeo.

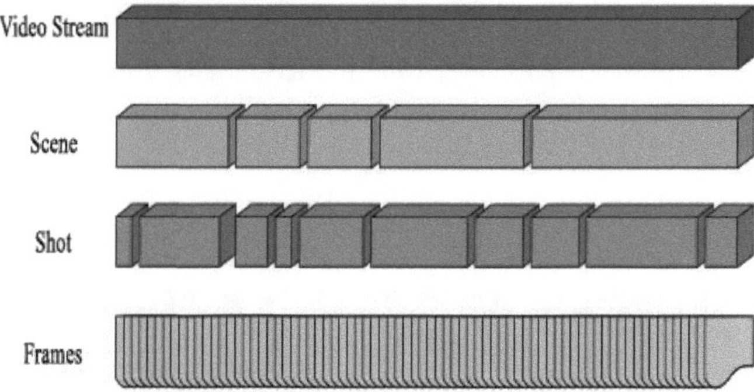

Figura 1.1. Estrutura básica de vídeo

Dado que os planos são o elemento fundamental dos dados de vídeo, o nível de plano é considerado um nível importante. O plano é um conjunto de fotogramas gerados no decurso de um processo contínuo que representa a ação contínua da câmara no tempo e no espaço. A cena é a coleção destes fotogramas numa componente de cena maior. Embora cada cena seja uma componente crucial da história, a conceção pode ser compreendida através da simples leitura de cada cena.

A principal tarefa no processamento de vídeo sequencial é identificar os limites das filmagens. Para um estudo mais aprofundado, é crucial segmentar as filmagens em partes mais fáceis de gerir. Uma vez que o cenário real e as suas características relevantes são contínuos, o conteúdo do vídeo num plano também o é, o que exige cálculos de semelhança ou continuidade para o reconhecimento dos limites dos planos entre quadros adjacentes.

Os tipos de transições de planos que são normalmente vistos em vídeos são os seguintes:

i) Transição abrupta ou Hard Cut: Este tipo de transição muda repentinamente de um vídeo para o outro e faz uma diferença considerável entre os quadros adjacentes. É também designado por corte duro ou corte. Observamos um corte por CT ou AT na secção do presente relatório que se segue. Os movimentos da câmara e dos objectos, as flutuações de iluminação e os efeitos especiais constituem desafios para a deteção de CT ou AT.

ii) Transição gradual ou corte suave: Este tipo de transição mostra as mudanças graduais nos fotogramas subsequentes e também consiste em algumas propriedades de edição invulgares, como Fade-in, Fade-out, Dissolve e Wipe[1]. Estas propriedades são explicadas da seguinte forma

Fade In: Um fade-in é um método que permite que uma imagem ou vídeo apareça gradualmente a partir do preto.

Fade out: Um fade-out permite que um vídeo ou uma imagem desapareça gradualmente para preto.

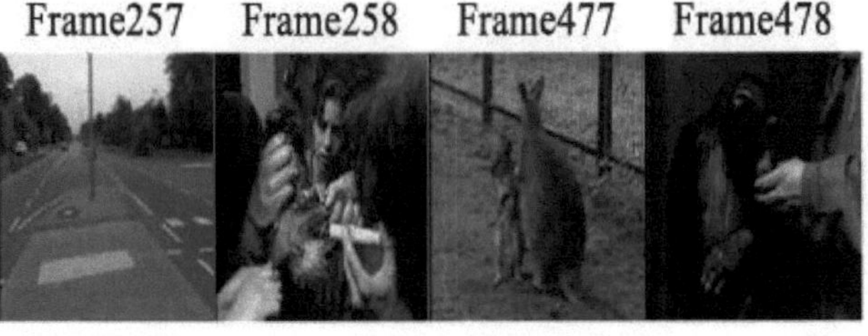

Frame257 Frame258 Frame477 Frame478
Source: TRECVID 2007 (Video ID BG_2408)

Figura 1.2. Ilustração de transições abruptas

Figura 1.3. Ilustração das transições Fade-out

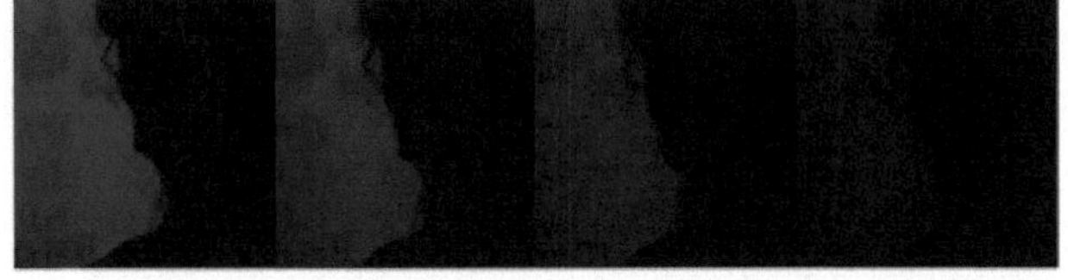

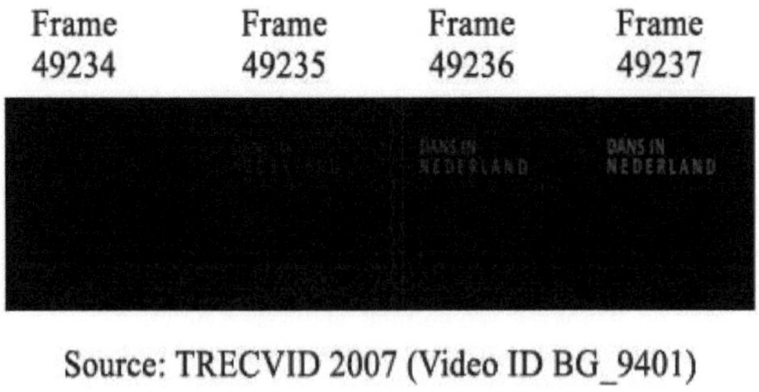

Frame 49226
Frame 49227
Frame 49228
Frame 49229
Source: TRECVID 2007 (Video ID BG_9401)

Frame 49234
Frame 49235
Frame 49236
Frame 49237
Source: TRECVID 2007 (Video ID BG_9401)

Figura 1.4. Ilustração das transições Fade-in

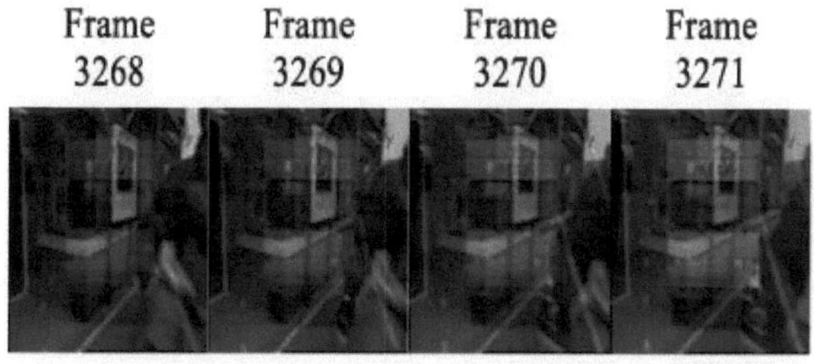

Source: TRECVID 2007 (Video ID BG_2408)

Figura 1.5. Ilustração das transições de dissolução

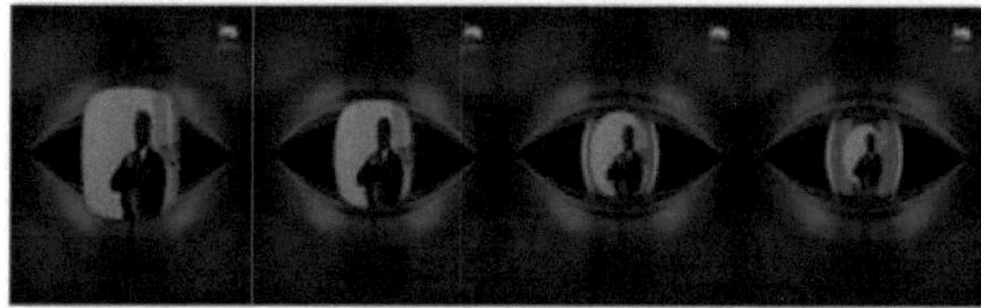

Source: TRECVID 2007 (Video ID BG_34901)

Figura 1.6. Ilustração das transições de limpeza

Dissolver: Neste caso, os primeiros fotogramas dos planos emergentes e os últimos fotogramas do plano de fuga sobrepõem-se temporalmente. A força do plano de fuga diminui de padrão para zero durante a sobreposição, enquanto a força do plano emergente aumenta de zero para padrão.

Limpeza: Trata-se de um tipo de transição em que as imagens que chegam e as que desaparecem coexistem em diferentes áreas espaciais dos fotogramas de vídeo de transição, com as primeiras a ocuparem mais espaço até as segundas serem completamente substituídas.

1.2 Motivação:

Tal como referido nas secções anteriores e na literatura disponível, a revelação da transição de planos é a fase primitiva em aplicações como a recuperação, indexação e navegação de vídeos. Existem duas categorias de transição de planos ou de limites de planos: abrupta e gradual. A descoberta da transição gradual é mais difícil do que a das transições abruptas. Além disso, os efeitos de iluminação e o movimento dos objectos continuam a ser as principais preocupações na identificação precisa dos limites dos planos.

Este facto motiva-nos a contribuir com trabalho de investigação no domínio da deteção de limites de filmagens. Assim, é proposto um método para detetar transições abruptas e graduais sob efeitos de iluminação existentes nos vídeos em teste.

1.3 Declaração do problema:

A partir da literatura disponível, observou-se que a identificação exacta do limite do plano é o passo mais importante para várias aplicações de vídeo, como a recuperação de vídeo, a navegação, a indexação e a vigilância por vídeo.

Durante a deteção dos limites do disparo, deparamo-nos com os principais desafios que provocam resultados falsos. Um fator importante é a iluminação ou os efeitos de iluminação. Os vídeos são frequentemente afectados pela interrupção causada pelo efeito de mudança de iluminação. Este fenómeno resulta numa descontinuidade do parâmetro de fotogramas que é frequentemente mal interpretada como um limite de disparo. Para além disso, o tipo de transição gradual é mais difícil do que o tipo abrupto, uma vez que consiste em efeitos de edição.

1.4 Estrutura do livro:

A tese é composta por cinco capítulos principais, a saber

Chapter 1 trata dos conceitos de deteção de limites de planos de filmagem em vídeo. Trata-se da necessidade de deteção de limites de planos de vídeo, dos diferentes tipos de transições de planos presentes no vídeo, dos desafios na identificação correcta de transições de planos e da motivação para contribuir para a investigação no domínio da deteção de limites de planos.

Chapter 2 trata da pesquisa bibliográfica sobre as técnicas existentes para a deteção de limites de disparo (SBD). Contém também o resumo, as vantagens e as desvantagens das várias técnicas.

Chapter 3 trata do pré-processamento do vídeo e da filtragem do ruído. Utilizámos as técnicas de filtragem Fast Averaging Peer Group (FAPG) para a eliminação do ruído.

Chapter 4 trata da deteção de transições abruptas utilizando o método de diferenciação de pixels. Esta é a abordagem simples e eficaz no que respeita à deteção de transições abruptas.

Chapter 5 trata da análise e discussão dos resultados do método de Diferenciação de Pixéis. Este capítulo apresenta os pormenores sobre os valores das métricas de desempenho obtidos especialmente para a deteção da transição abrupta.

Chapter 6 trata da deteção de transições bruscas e graduais utilizando o histograma de cores HSV e a fusão de transformações com a abordagem DBN-SSDOA. Neste capítulo, é mencionado o procedimento detalhado para a deteção de ambos os tipos de transições num vídeo.

Chapter 7 trata das técnicas de aprendizagem profunda para a classificação de fotogramas utilizando a Deep Belief Network (DBN). Neste capítulo, é mencionada a utilização de DBN para categorizar os fotogramas no tipo de transição adequado.

Chapter 8 trata da descrição do TRECVID e de outros conjuntos de dados de vídeo de fonte aberta. Este capítulo fornece os pormenores sobre o conjunto de dados de vídeo utilizado a partir de várias fontes.

Chapter 9 trata da análise e discussão dos resultados da deteção de TA e GT utilizando o cálculo do histograma HSV e a fusão de DTCWT-WHT com DBN-SSDOA.

Chapter 10 trata da conclusão e do âmbito futuro.

CAPÍTULO 2

ANTECEDENTES DA INVESTIGAÇÃO

Neste capítulo, apresentamos uma revisão detalhada da literatura sobre a Deteção de Limites de Disparos (SBD), onde são apresentadas várias técnicas relacionadas com a deteção de ambos os tipos de transição.

2.1. Revisão das técnicas existentes:

Shangbo Zhou et al. [1] propuseram uma estrutura SBD, onde o foco foi colocado na descoberta e combinação do tipo de região de movimento, onde inicialmente foi feita uma extração de tais regiões de movimento. Aqui foram consideradas as características de cor e descritores locais. Inicialmente, foram seleccionados potenciais segmentos de transição utilizando o histograma de cor. Depois, utilizando o histograma de cores, a diferença de pixels e a correspondência de cortes irregulares, foi efectuada a deteção de AT. A correspondência de cortes, a transformada de características invariantes à escala e a extração de áreas de movimento foram utilizadas para identificar alterações graduais. Os conjuntos de dados de vídeo TRECVid2001 e TRECVid2007 foram utilizados para avaliar as experiências.

Zinah N. Idan et al.[2] propuseram um sistema em que a ideia de escolher uma área ativa de um fotograma com seleção de segmentos candidatos e momentos separáveis serve de base à estrutura SBD mencionada. Em primeiro lugar, a região ativa para cada fotograma foi escolhida para dar prioridade apenas aos conteúdos informativos dos fotogramas. Como resultado, o custo computacional e os factores de perturbação foram reduzidos. Em segundo lugar, foram utilizados polinómios ortogonais para determinar os momentos de cada área ativa. A maioria dos quadros sem transição foi então removida, enquanto os segmentos candidatos foram mantidos, utilizando um limiar adaptativo e critérios de dissimilaridade. Foram utilizados dois conjuntos de comparações de bissecção para excluir ainda mais os candidatos. Como resultado, o custo computacional das fases futuras foi reduzido. As transições de corte foram finalmente detectadas utilizando estatísticas de aprendizagem automática baseadas em SVMs. Mesmo na maior parte da literatura, os classificadores de máquinas de vectores de apoio foram preferencialmente utilizados.

A técnica SBD, tal como descrita por B. S. Rashmi et al.[3], extrai Histogramas de Soma Acumulada Média (MCSHs) baseados em blocos a partir de cada fotograma fuzzificado com gradiente de borda como uma mistura de características locais e globais. Para distinguir entre imagens de vídeo abruptas e graduais, foi utilizada a medida estatística do desvio padrão relativo (RSD) para o MCSH que foi recolhido.

Ravi Mishra [4] propôs uma abordagem de SBD utilizando uma combinação de DTCWT e WHT, o que permitiu ao sistema adquirir as vantagens de propriedades importantes de ambas as transformações.

Saptarshi Chakraborty et al.[5] propuseram e implementaram o método SBD, que afirma ser capaz de ter um desempenho superior na presença de iluminações. Neste caso, os efeitos de alteração do brilho e do contraste foram integrados no sistema em consideração, utilizando uma técnica adaptativa para extrair potenciais transições através de um limiar adaptativo nos vídeos. Para identificar transições abruptas e graduais, os valores de diferença de cor CIEDE2000 dos potenciais quadros de transição foram comparados na secção de verificação. Em comparação com as soluções actuais, este sistema afirmava ser capaz de detetar uma transição gradual e abrupta num vídeo, o que pouparia tempo durante o processamento.

A técnica Local Binary Pattern (LBP) para a identificação de TA foi utilizada por H.M.

Nandini et al. [6] para extrair dados de extremidade binarizados de fotogramas para descrição da textura. Além disso, para identificar disparos abruptos, foi utilizado um limiar adaptativo e, de acordo com as características do histograma concebido, foi utilizada a distância euclidiana. O gradiente de magnitude utilizou o operador Sobel que foi retirado de cada fotograma do disparo segmentado durante a fase de extração do fotograma-chave. Depois disso, os valores de magnitude foram convertidos em pontuações Z, que exprimem a localização de cada pixel em termos da distância a que se encontra da média quando expressa em unidades de desvio padrão para cada fotograma. Por fim, o coeficiente de variabilidade foi calculado para cada fotograma e o fotograma-chave de cada fotografia foi escolhido com base no fotograma com o valor mais elevado. A pesquisa foi efectuada no TRECVID 2001.

Sasithradevi A. et al.[7] propuseram um modelo oponente piramidal cor-forma (POCS) que detecta AT e GT simultaneamente. Foi afirmado que a deteção precisa ocorreu na presença de mudanças na iluminação, movimento significativo do objeto entre fotogramas e movimento rápido da câmara.

Feng-Feng Duan et al.[8] implementaram um algoritmo de SBD baseado no agrupamento e mistura de várias características. O sistema afirma ter maior precisão e eficiência temporal.

Alok Singh et al.[9] propuseram um procedimento para SBD para obter resultados exactos sob efeitos de iluminação. Neste procedimento, foi apresentada uma abordagem em duas fases. Aqui, o LBP-HF foi extraído para reduzir o efeito de iluminação e um filtro Wiener adaptativo foi aplicado à componente de luminância do fotograma para preservar alguns pormenores críticos em ambas as frequências.

Saptarshi Chakraborty et al.[10] utilizaram a combinação do Algoritmo de Pesquisa Gravitacional (GSA) e da Otimização por Enxame de Partículas (PSO) para otimizar os pesos da Rede Neural Feed-Forward (FNN). Afirmou ter melhorado a pontuação F1 para o desempenho do SBD.

A. Sulaiman, Khazaal, S. Mahmood et al. [11] explicaram uma abordagem para SBD na presença de movimento no objeto e na câmara. Foi proposta uma abordagem de distorção dinâmica do tempo (DTW) para determinar as alterações entre fotogramas sequenciados. A abordagem de deslocamento médio foi utilizada para captar os principais tipos de transições ao longo das sequências de fotogramas dentro e entre imagens. Os resultados demonstraram que o método SBD baseado em técnicas de extração de fotogramas-chave funciona bem, como evidenciado por fotogramas mais informativos com redução da redundância.

S. Karpagavali, V. Balamurugan et al. [12] apresentaram uma abordagem da técnica híbrida de deteção de pontos-chave para SBD gradual. O método sugerido combina os valores Eigen mínimos da região de interesse com a matriz Hessiana do ponto de interesse. O método sugerido foi testado em vários conjuntos de dados de vídeo.

Oprea, Claudia C., Preda, Radu O. et al.[13] propuseram um módulo para SBD e uma opção de codificação ad-hoc intraquadro. Neste módulo, apenas foram processados os componentes de subamostragem de croma, o que resultou numa menor computação e numa maior velocidade. A métrica de qualidade SNR para garantir quadros inter-preditos também foi incluída, melhorando-a através da introdução de quadros intra-codificados com moderação.

Wu, Lifang, Zhang, Shuai et al. [14] explicaram as técnicas SBD de duas formas distintas. Nesta investigação, foi proposta uma abordagem SBD de dois passos, em que localiza mudanças graduais de planos utilizando uma análise profunda baseada em C3D e identifica planos abruptos através da fusão do histograma de cor e de características profundas. Em primeiro lugar, são identificados os desvios abruptos entre fotogramas, dividindo todo o vídeo em secções com transições graduais; utilizando uma rede neural 3D-convolucional, a deteção de mudanças graduais de planos foi aplicada a estes segmentos de vídeo, dividindo os clips em vários tipos de mudanças graduais de planos. Por último, foi sugerida uma abordagem de fusão bem sucedida para identificar as localizações das transições de planos progressivos.

Hato, Eman, Abdulmunem, Matheel E. et al.[15], implementaram um método para reduzir o tempo de execução do processo SBD. Neste método, as características Speeded-Up Robust (SURF) foram retiradas de ficheiros de vídeo a partir de metade do número de fotogramas. Depois, usando a função de distância, as características foram combinadas entre os dois vectores de características para identificar qual deles era o vizinho mais próximo. Para detetar disparos abruptos, a semelhança foi calculada utilizando uma série de atributos de correspondência e depois comparada com um limiar global pré-determinado.

Dhiman, Shekhar, Chawla, Rashmi, Gupta, Shailender et al. [16] apresentaram uma técnica que consiste em três passos: seleção de segmentos candidatos, identificação de cortes e deteção de transições graduais. Para acelerar o SBD, este método utiliza uma abordagem baseada em pixels com seleção de segmentos candidatos. O método sugerido utilizou a Transformada Discreta do Cosseno (DCT) para a deteção da TA e o Histograma da Imagem e a Correspondência de Padrões para a deteção da Transição Gradual.

Su, Ning, Zhang, Jun Zhang, Yana Zhang, Guoting et al. [17] propuseram uma investigação em SBD em tempo real baseada em agrupamento não supervisionado que tem em conta tanto a precisão como a eficiência da deteção. Afirma-se que o LAB ofereceu a vantagem de encontrar uma caraterística de cor para uma identificação exacta dos limites do disparo, juntamente com a distância de Bhattacharyya e a comparação do qui-quadrado.

Gao, Yin Lai, Yi Liu, Ying et al.[18] explicaram o conceito de SBD baseado na perceção visual, em que, para reduzir o custo computacional, elimina quaisquer fotogramas desnecessários do vídeo desejado. A função de continuidade entre fotogramas foi então construída utilizando a caraterística de consistência visual do vídeo para construir os planos pendentes. Por fim, a função de movimento e os resultados da deteção dos limites dos planos foram melhorados. O modelo assim formado pretende reduzir o tempo de computação e detetar rápida e eficazmente os limites dos planos sem comprometer o desempenho da deteção, uma vez que incorpora características de coerência entre fotogramas e de fluxo ótico.

Com o objetivo de definir a combinação de fotogramas que serve de limite de imagem para uma sequência de fotogramas de vídeo, Yang, Shu-hung Lin, Yi-nan Chiou, et al. [19] desenvolveram um modelo de rede de Petri difusa de alto nível. Esta técnica permite estimar diretamente a mudança de plano e cria um valor limite para o reconhecimento das transições de plano exactas, que utiliza o modelo HLFPN. Foi afirmado que, desta forma, se poupa uma quantidade substancial de tempo e se reduz a probabilidade de alterações imprecisas do plano causadas pelos movimentos dos objectos e das câmaras.

Klerk, M G De et al.[20] utiliza o método da divergência de Jensen-Shannon (JSD) para identificar os limites dos planos em vídeos digitais. Neste estudo, o algoritmo JSD foi examinado quanto ao seu potencial para identificar transições de planos em aplicações de transmissão em contínuo. Além disso, foram utilizadas as métricas de recordação e precisão para avaliar o impacto dos diferentes parâmetros da abordagem JSD na precisão dos limites detectados, enquanto o tempo de execução é monitorizado.

Mondal, Jaydeb Kundu, Malay Kumar Das et al.[21] apresentaram uma técnica para a extração de características de fotogramas de vídeo utilizando a transformada de contorno de subamostragem (NSCT) e a análise geométrica multiescala. A análise de componentes principais foi utilizada para minimizar a dimensão dos vectores de características produzidos pela NSCT, o que alegadamente melhora o desempenho e aumenta a eficiência computacional. Os fotogramas de uma determinada sequência de vídeo foram divididos em classes Sem Transição (NT), AT e GT, utilizando um classificador económico de Máquina de Vectores de Suporte de Mínimos Quadrados (LS-SVM).

Bi, Chongke Yuan, Ye Zhang et al. [22] apresentaram uma abordagem para a identificação de limites de disparos com base na decomposição de modos dinâmicos (DMD). Os limites do plano foram encontrados quando a amplitude muda abruptamente, porque alguns modos temporais de primeiro plano e um modo temporal de fundo podem ser extraídos dos dados de vídeo utilizando a DMD. O coeficiente DMD é utilizado para restaurar o vídeo. O objetivo básico da deteção de limites de disparos deve identificar as alterações na amplitude do modo de fundo. A falsa deteção deve ser eliminada nos casos em que o objeto em primeiro plano (ou a câmara) se move rapidamente ou a iluminação muda abruptamente.

Shen, Rong Kuan Lin, Yi Nan Juang et al.[23] integraram um modelo de rede de Petri difusa de alto nível (HLFPN) com correspondência de pontos-chave para propor uma abordagem SBD híbrida. Como pré-deteção, foi utilizado o modelo HLFPN com diferença de histograma. A técnica SURF foi utilizada para identificar todos os potenciais falsos acertos e a transição gradual com base na suposição do modelo HLFPN. A arquitetura descendente pretendia reduzir a complexidade computacional do algoritmo SURF.

Kar, Tejaswini Kanungo, Priyadarshi et al.[24], os autores propuseram uma abordagem para a deteção de limites abruptos de disparos quando os fotogramas são parcial ou totalmente influenciados por uma lanterna, fogo, cintilação, movimento elevado ligado à câmara ou a um objeto grande, ou outros factores. Além disso, desenvolveram um modelo para produzir automaticamente um limiar que tem em conta as estatísticas do vetor de características, que variam com a flutuação do conteúdo do vídeo.

Youxian, Zheng Yuan, Zhang et al. [25] nesta investigação propõem um sistema para a deteção de TA utilizando características mistas e SVM. Para discriminar entre diferentes fotogramas, o sistema proposto junta histogramas HSV em bloco e SURF. Utiliza também uma abordagem de conjunto sob amostragem para tratar dados desequilibrados e SVM para detetar automaticamente cortes.

Prabavathy, A Kethsy Shree, J Devi et al.[26] apresentaram a modelação baseada em regras difusas para SBD. Neste caso, o foco foi colocado na deteção de GT. Na abordagem sugerida, baseada em regras difusas, foi avaliada uma coleção de regras difusas com dissoluções e limpezas (fade-in e fade-out) durante a deteção de transições graduais. A identificação de transições graduais requer primeiro a recolha de informações dos fotogramas de vídeo e, em seguida, a aplicação de regras difusas aos fotogramas. O seu nível de precisão melhorado na deteção gradual foi considerado a sua principal vantagem.

Khan, Masood M Chamnongthai et al.[27] explicaram o SBD, em que, para analisar o modo como as representações visuais se comportam em termos de sinais de descontinuidade, esta investigação utilizou uma estrutura SBD baseada em características gráficas multimodais. Em vez de calcular um limiar, foi utilizado um método de seleção de segmentos candidatos que ignora os fotogramas de vídeo não-limite e localiza o limite do disparo utilizando a média móvel crescente do sinal de descontinuidade. Para distinguir entre AT e GT, que inclui fade in e fade out e a ocorrência de logótipos, a deteção da transição foi feita de forma estrutural.

Hassanien, Ahmed Elgharib, Mohamed Selim et al.[28] introduziram uma abordagem SBD baseada numa rede neural convolucional espácio-temporal. Neste caso, afirma-se que foi utilizado um conjunto de dados SBD muito grande que permite que as técnicas de redes neurais profundas realizem o SBD eficaz para treino e teste utilizando técnicas CNN. Afirmou também que na sua coleção podem ser detectados milhões de fotogramas com transições abruptas e graduais.

Liang, Rui Zhu, Qingxin Wei et al.[29] explicaram o método para simplificar a representação do vídeo e encurtar o período necessário para o procedimento de deteção, propondo um método que utiliza um modelo CNN para extrair sequências de características do vídeo simultaneamente na GPU. Além disso, considerou a semelhança local de fotogramas e a semelhança de janela deslizante de limiar duplo para melhorar a recordação e a precisão da deteção de disparos.

Utilizando vários conceitos e interpretações matemáticas, Bendraou, Youssef Essannouni Fedwa, et al. sugeriram uma abordagem SBD baseada na decomposição do valor singular (SVD)[30]. Aqui, foram utilizadas matrizes de aproximação de baixo nível com a norma Frobenius para a extração adaptativa de características. De acordo com cada segmento, cada fotograma foi transformado num vetor de dimensão k no espaço singular. Utilizando uma abordagem de limiar duplo, os valores de continuidade foram categorizados para encontrar a TA. Para o SBD, foi utilizado o método folding-in, muitas vezes referido como SVD-updating, para a deteção da TA.

Park, Soyoung Son, Jeongwoo Kim, Sun Joong et al. [31] explicaram o impacto do limiar adaptativo no desempenho do SBD, em que o limiar foi utilizado para avaliar se um fotograma alvo num clip de vídeo difundido é ou não um limite de imagem. O limiar de entrada e a semelhança visual dos fotogramas vizinhos a um fotograma alvo foram utilizados para calcular o limiar adaptativo. Os resultados da experiência demonstraram a utilização do limiar adaptativo, que alegadamente melhorou a capacidade de deteção de limites de planos em termos de valores de precisão-recordação e reduziu significativamente a alteração dos valores.

Gygli, Michael [32] sugeriu uma técnica baseada em Redes Neuronais Convolucionais (CNNs) que são completamente convolucionais no tempo, permitindo a utilização de um contexto temporal alargado sem a necessidade de processar frames repetidamente. Com esta arquitetura, esta abordagem afirma que funciona a uma velocidade extraordinária de mais de 120x em tempo real e produz resultados eficazes no conjunto de dados RAI.

Fan, Jiyun Zhou, Shangbo Siddique, Muhammad Abubakar et al.[33] sugeriram uma técnica para separar as características dos dados dos fotogramas de vídeo. A técnica sugerida é conhecida como gráfico de distribuição de cores difusa (FCDC). Ao evitar os efeitos do ruído, da iluminação e de inserções como frases e logótipos, foi sugerido que o FCDC pode ser utilizado para representar a distribuição espacial das cores. Foi proposta uma nova técnica para o reconhecimento dos limites dos planos de filmagem com base no FCDC, que permite discernir a transição gradual na presença de objectos em movimento rápido nos fotogramas. Os resultados experimentais demonstraram que o algoritmo melhorado proposto tem capacidade para detetar o limite do plano com mais precisão do que alguns estudos anteriores.

Thounaojam, Dalton Meitei Khelchandra, Thongam et al. [34] propuseram um método SBD que utiliza lógica difusa e algoritmo genético. Neste método, foram utilizados valores reais pré-anotados para os limites do tiro para calcular as funções de filiação do sistema difuso utilizando algoritmos genéticos. O sistema difuso categoriza os tipos de transições de disparo. De acordo com os resultados experimentais, à medida que aumenta o número de gerações do processo de otimização do algoritmo genético, aumenta também a precisão da identificação dos limites dos disparos. Foi afirmado que a técnica proposta oferecia as melhores medidas de F1.

Xu, Jingwei Song, Li Xie, Rong et al.[35] apresentaram uma estrutura SBD com CNNs. Para detetar os limites dos disparos utilizando limiares adaptativos e remover muitos fotogramas sem limites, começou por aceitar um método de seleção de segmentos candidatos. As características representativas dos fotogramas nos segmentos candidatos foram extraídas utilizando CNN. Uma técnica revolucionária de correspondência de padrões, que depende de uma estratégia de semelhança, pode ser utilizada para produzir cortes finais e transições graduais.

Hannane, Rachida Elboushaki, Abdessamad Afdel, Karim et al.[36] sugeriram um método que extrai o histograma de distribuição de pontos SIFT (SIFT-PDH) dos fotogramas como uma mistura de características locais e globais, e utiliza-o para determinar os limites dos planos de vídeo. Depois, detecta os limites dos planos de vídeo utilizando um limiar adaptativo e a distância SIFT-PDH entre fotogramas consecutivos. Além disso, utilizando uma medida de valores singulares baseada na entropia, foram recuperados os fotogramas-chave correspondentes às características proeminentes de cada plano segmentado. Os fotogramas-chave recolhidos foram combinados para criar o vídeo condensado. Foi afirmado que esta técnica identificou com precisão os limites dos planos tanto em AT como em GT, bem como em várias condições de iluminação, efeitos de movimento e definições de câmara.

Madhusudhan, M. V. Hegde, Chetana et al.[37] sugeriram um método para identificar os limites dos planos incluídos num fluxo de vídeo. O fluxo de vídeo deve ser inicialmente dividido em vários fotogramas. Cada fotograma passa então por um procedimento de pré-processamento para extrair as características. Para as diferenças entre fotogramas, foram determinadas características estatísticas como a média e o desvio padrão. Esta abordagem simplificou a deteção da TA.

Tippaya, Sawitchaya Sitjongsataporn, Suchada et al.[38] descreveram um método para representar o aspeto temporal do vídeo utilizando um agrupamento de descritores de características globais e locais. Este método utiliza uma limiarização adaptativa que foi desenvolvida aqui, com base na eficácia computacional e na aplicação prática. A medida da diferença entre quadros de vídeo foi utilizada para analisar padrões de transição, segmentos potenciais e segmentos candidatos.

Liu, Fang Wan, Yi et al.[39] propuseram métodos para aumentar a eficácia de acordo com a velocidade de processamento e a precisão da deteção. Neste caso, foi utilizado o espaço de cor HSV. Além disso, foi definida uma distância de fotograma devido à subamostragem de cada fotograma da imagem. Verifica-se que este tipo de processamento produz o mesmo grau de precisão de deteção, reduzindo drasticamente a complexidade informática.

Shekar, B. H. Uma, K. P. et al.[40] sugeriram um método de deteção de transições de disparo baseado nas derivadas direccionais de Kirsch. A capacidade do operador de Kirsch para captar o valor de gradiente mais elevado entre várias orientações foi investigada para servir o objetivo da deteção de transições. Um quadro separado de um vídeo foi envolvido oito vezes com o operador de Kirsch para calcular os momentos de primeira e segunda ordem. Estes momentos servem como características para identificar os limites dos planos.

Mishra, Ravi Singhai, S. K. Sharma, Monisha et al.[41] apresentaram uma abordagem de SBD utilizando a transformada wavelet complexa de árvore dupla para aplicações em tempo real e não real. O mesmo algoritmo foi testado em vídeos AVI.

Shao, Hong Qu, Yang Cui, Wencheng et al.[42] sugeriram a utilização de uma abordagem de segmentação de imagens de vídeo baseada no histograma HSV e na caraterística Histograma de Gradiente (HOG). Primeiro, o limiar adaptativo foi comparado com a diferença entre dois quadros consecutivos, conforme determinado pelo histograma de cores HSV. Depois de concluída a deteção inicial dos limites dos disparos, a caraterística HOG do vídeo foi utilizada para efetuar uma deteção adicional dos limites dos disparos, o que permitiu eliminar os limites incorrectos dos disparos e outros limites não atingidos.

Lakshmi Priya, G. G. Domnic, S. et al.[43] sugeriram um método automático de extração de fotogramas-chave baseado em planos, que deve ser utilizado em aplicações de indexação e recuperação de vídeo. Utilizando a extração de características, os passos do processo de deteção dos limites dos planos para construir valores de continuidade e a técnica de agrupamento de fotogramas, os fotogramas são inicialmente agrupados sequencialmente em planos. Para extrair os fotogramas-chave com base em sub-disparos, foi efectuada uma análise de semelhança entre clusters (ICSA) no cluster e o mesmo reivindicado a uma taxa de dispersão mais elevada.

Lakshmi, Priya G.G. Domnic, S. et al. [44] propuseram uma técnica SBD que utilizava características importantes para formar vectores de características. Ao projetar os fotogramas em vectores de base escolhidos do núcleo da transformada de Walsh-Hadamard (WHT) e da matriz WHT, foram recuperadas características. Um único sinal de continuidade criado a partir das características ponderadas foi utilizado como entrada para o procedimento de identificação baseado no procedimento SBD. As transições de disparo foram divididas em AT e GT utilizando esta abordagem.

Thomas, Sinnu Susan Gupta, Sumana Venkatesh, K. S. et al.[45] propuseram um método baseado na minimização da energia para o reconhecimento dos limites de cenas e planos que parece simples, automático e eficaz. No método sugerido, utilizámos o facto de o fundo ter uma continuidade temporal ao longo do plano. A necessidade de extrair o plano com o fundo comum foi representada por um elemento de energia na nossa formulação do problema de extração de planos de vídeo, que é um problema de minimização de energia. As arestas do pano de fundo e as descontinuidades de cor foram eliminadas utilizando a técnica de minimização de energia. Para várias transições de planos, foram apresentados vários métodos para encontrar uma solução para o problema de identificação dos limites dos planos.

Yan, Weidong She, Hongwei Yuan, Zhanbin et al.[46] sugeriram uma abordagem para efeitos de registo de imagens de deteção remota, utilizando a relação espacial para além do descritor SURF. O primeiro passo foi criar uma coleção hipotética de correspondências com base nas separações entre os descritores de características SURF. Em segundo lugar, utilizando a Análise de Correlação Canónica de Kernel (KCCA), foi estabelecida a relação espacial das características correspondentes. De seguida, foi criada uma função de influência utilizando a relação espacial para identificar falsas correspondências.

Birinci, Murat Kiranyaz, Serkan et al.[47] propuseram o método SBD, no qual o processamento repetitivo de vídeo foi evitado através da utilização de uma estratégia descendente, tendo sido alcançada uma precisão de deteção de limites de disparo requintada com custos computacionais extremamente baixos. Utilizando atributos de imagem locais para identificar objectos nas imagens, foram reveladas descontinuidades visíveis entre fotogramas. A abordagem sugerida afirmava detetar alterações bruscas e graduais de qualquer tipo. Outro aspeto desta abordagem sugerida é a sua total genericidade, que lhe permite ser utilizada com qualquer conteúdo de vídeo sem necessidade de qualquer formação ou afinação prévia.

Shen, Victor R.L. et al.[48] propuseram uma abordagem de SBD para a difusão de fluxos de notícias. Neste caso, foi fornecido um modelo de rede de Petri difusa de alto nível para definir combinações de fotogramas-limite, que apontavam para um limite de filmagem utilizado para a deteção de sequências de fotogramas de vídeo de AT e GT. Foi afirmado que, em comparação com o trabalho manual, os resultados dos ensaios mostraram que esta estratégia poupava uma quantidade significativa de tempo e resultava menos frequentemente em alterações inadequadas da imagem provocadas por objectos e câmaras em movimento.

Os cálculos de Zernike foram utilizados por Toharia, Pablo Robles, Oscar D. Suárez, Ricardo et al. [49] propuseram uma técnica de SDB e foram executados em GPUs utilizando um método de empacotamento concebido para reduzir o tempo de ligação anfitrião-dispositivo.

Ao extrair a força dos bordos utilizando vectores ortogonais de blocos dos fotogramas, Priya, G.G. Lakshmi Domnic, S et al. [50] sugeriram uma técnica para identificar os limites dos planos em sequências de vídeo. Além disso, propuseram um método de reconhecimento de transições (limites) que afirmava poder identificar limites de planos e não planos em sequências de vídeo.

Hu, Weiming Xie, Nianhua Li, Li Zeng, Xianglin Maybank, Stephen et al. [51] forneceram um guia e um resumo do domínio das abordagens gerais da indexação e recuperação de vídeo com base no conteúdo visual, concentrando-se em métodos de análise da estrutura do vídeo, como a identificação dos limites dos planos, a extração de fotogramas-chave e a segmentação de cenas, bem como em métodos de extração de características, como características de fotogramas-chave estacionários, características de objectos e características de movimento, e ainda na extração de dados de vídeo e na descrição de vídeos.

A ideia de operar o SBD diretamente no domínio comprimido foi apresentada por Ren, Jinchang Jiang, Jianmin Chen, Juan, et al. [52] Antes da seleção e fusão de características, é necessário recuperar uma série de indicadores locais dos macroblocos MPEG. Através da pré-filtragem e da tomada de decisão baseada em regras, os cortes candidatos devem ser divididos em cinco subespaços usando os atributos especificados. Em seguida, empregando a correlação de fase das imagens dc, devem ser avaliados os marcadores globais de semelhança entre as imagens limite dos candidatos a cortes. Também foi registada a ocorrência de transições graduais, como dissoluções e cortes de planos mistos.

Chasanis, Vasileios T. Likas, Aristidis C. Galatsanos, Nikolaos P. et al.[53] recomendaram o agrupamento dos planos com base apenas nas suas semelhanças visuais e a rotulagem de cada imagem de acordo com o grupo a que pertence, a fim de contornar o desafio de conhecer antecipadamente a duração da cena. Depois disso, deve ser utilizada uma técnica de alinhamento de sequências para determinar quando o padrão de etiquetas dos planos muda para fornecer o resultado final da segmentação da cena.

Meng, Yu Wang, Li Gong Mao e Li Zeng et al.[54] propuseram uma técnica de deteção de limites de planos baseada num classificador de otimização de enxame de partículas. Esta técnica utiliza um filtro de média de janela deslizante para filtrar as curvas de diferença e um classificador KNN utilizando PSO para identificar e classificar as transições de planos, depois de considerar primeiro as curvas de diferença dos histogramas de componentes U como características das diferenças entre quadros de vídeo. Esta abordagem tem vantagens importantes: Responde bem a mudanças graduais; cada gráfico de curva tem propriedades excepcionais que correspondem a uma transição de plano; promete ser capaz de reconhecer mudanças abruptas e graduais no mesmo movimento.

Tan, Wenting Cao, Jianrong Li, e Hongyan et al.[55] apresentaram uma abordagem para SBD baseada em SVM no domínio comprimido. Esta abordagem segmenta um vídeo em planos, dividindo os fotogramas em três categorias: corte, gradual e sem transição. Estes atributos incluem o tipo de macrobloco, a diferença entre os coeficientes DC de dois blocos co-localizados em fotogramas subsequentes e o tipo de fotograma. Ajustam a função de kernel SVM com base na natureza do limite do disparo para aumentar ainda mais a correção da deteção do limite do disparo, tendo sido realizadas várias experiências para comparar com outras funções de kernel frequentemente utilizadas.

Xiao, Yongliang Xia, Limin et al.[56] sugeriram a extração de elementos de vídeo e a utilização de projecções que preservam a localização. Estabeleceram a semelhança discriminante com a probabilidade prévia do modo e uma abordagem de seleção adaptativa da vizinhança, o que torna as projecções adaptativas de preservação da localidade (ALPP) mais adequadas para preservar a estrutura local e as informações de etiquetas dos dados originais do que as projecções que preservam a localidade. Foi utilizado um SVM com vários núcleos para categorizar os fotogramas de vídeo em fotogramas delimitados e não delimitados. Os pesos dos vários tipos de kernels foram ajustados utilizando o método de otimização de colónias de formigas.

CAPÍTULO 3

Pré-processamento de vídeo e filtragem do ruído

Para detetar com precisão as transições de planos, o pré-processamento é uma tarefa necessária a ser realizada. O pré-processamento pode envolver o redimensionamento, a orientação e as correcções de cor numa imagem. Além disso, neste método, recomendamos a redução do ruído impulsivo dos fotogramas durante a fase de pré-processamento. Apesar dos anos de investigação em curso, a questão da redução do ruído em imagens digitais continua a ser difícil[57-63]. A rápida expansão dos equipamentos portáteis de captura de imagem, juntamente com a redução do tamanho dos sensores de imagem e a expansão da capacidade de transmissão de dados dos canais de comunicação, exige o desenvolvimento de algoritmos de redução de ruído novos, rápidos e eficazes. O ruído impulsivo é o resultado da adição de pixels defeituosos do sensor da câmara à imagem ou ao fotograma [64], de problemas de transmissão em canais corrompidos, de luz inadequada e do envelhecimento do suporte de armazenamento, corrompendo as fotografias a cores com muita frequência [65-66]. Utilizamos uma técnica de denoising única e extremamente rápida que suprime as perturbações causadas pelo ruído impulsivo, que é essencial para o êxito das etapas subsequentes do SBD [65].

A imagem colorida será tratada como uma matriz 2D neste trabalho, com N pixels $Xj = Xj_1$, Xj_2, x_{j3} cada um dos quais tem um índice $j=1,2, ...,N$que representa sua localização dentro do domínio da imagem. Os valores dos canais de cor num determinado espaço de cor são representados pelas componentes vectoriais $x_{jq} \in [0,1]$ para $q =1,2,3$. Para tornar a notação mais simples, atribuiremos também índices aos pixels que fazem parte da janela de filtragem local W, daí o pixel central ser designado por P_0 enquanto os pixels próximos serão P P_1 $_n$ onde n é o tamanho da janela.

Os filtros baseados em estatísticas de ordem são a técnica mais utilizada para reduzir o ruído impulsivo em imagens a cores. Estes métodos dependem largamente da ordenação vetorial decrescente de um grupo de pixéis pertencentes a W. O total crescente de distâncias é atribuído e depois ordenado para cada pixel da janela deslizante para criar uma série correspondente e organizada de pixéis a cores.

O muito apreciado Filtro Mediano Vetorial (VMF) produz um vetor que representa a distância cumulativa mínima. Quando todos os pixéis são

Se a imagem for submetida a um processo de ruído, a saída da VMF, que é sempre um pixel da janela de filtragem, é igualmente ruidosa. Ao calcular a média dos pixéis com classificação mais baixa, o desempenho da filtragem pode ser melhorado e este impacto indesejado pode ser evitado. A dissemelhança dos pixels de cor é frequentemente quantificada em termos de distância euclidiana no espaço de cor RGB, mas também podem ser utilizadas medidas alternativas de dissemelhança vetorial, como a distância angular. Apenas algumas das distâncias mais curtas para os pixéis próximos podem ser utilizadas como medida de dissemelhança para determinar qual o pixel mais centralmente posicionado na coleção de amostras de cor, por oposição ao somatório de todas as distâncias. Este método de recorte cria imagens com arestas nítidas e melhoradas e aumenta a robustez em relação aos valores atípicos causados pela fase de ruído.

Os métodos derivados da teoria dos conjuntos difusos foram também aplicados aos filtros baseados no conceito de menor ordenação. Os resultados da simulação demonstram que a utilização de noções difusas permite uma flexibilidade significativa e produz resultados excelentes tanto para imagens a cores como para sequências de vídeo.

O problema com os filtros baseados na ordenação de vectores é que introduzem muito mais suavização, o que faz com que a imagem de saída seja significativamente distorcida. Este efeito resulta da alteração uniforme dos canais de cor de cada pixel da imagem, independentemente de os canais terem ou não ruído. Como resultado, uma variedade de métodos para cancelamento de ruído empregando filtros de comutação foi desenvolvida. Pretendem localizar os pixels que foram corrompidos pelo ruído impulsivo e atualizar os valores desses pixels com uma aproximação considerada através da informação da vizinhança local[65].

O pixel é substituído pelo resultado do VMF se o total das distâncias entre o pixel central de W e os restantes pixels ultrapassar um limiar fornecido ou ajustável; caso contrário, o pixel é mantido. A métrica de semelhança difusa é utilizada pelo filtro mediano vetorial rápido modificado (FMVMF), que se baseia na arquitetura do VMF[65].

Os filtros de grupo de pares são uma família interessante de filtros que foram propostos e são frequentemente utilizados em vários esquemas. O grupo de pares ligado a um pixel é um conjunto de pixels vizinhos que se encontram dentro de um intervalo específico do pixel central da janela de operação. O filtro FAPG troca o centro da janela de filtragem com a saída da VMF quando a diferença entre um determinado número de distâncias mais curtas entre o pixel central e os seus vizinhos não excede um limiar pré-determinado.

Com base no conceito de caraterização do grau de pertença do pixel central à vizinhança local pelo tamanho do seu grupo de pares, foi criado o filtro FastAveraging Peer Group descrito neste estudo. A substituição e a inspeção de pixels são os dois principais elementos constitutivos deste filtro. Na primeira fase, o pixel central da janela local é avaliado quanto ao seu grau de pertença à vizinhança; na segunda, os pixéis que foram considerados anómalos são alterados utilizando o filtro de média ponderada (WAF). Os pesos do WAF são determinados pela análise dos tamanhos dos grupos de pares das amostras que estão próximas do pixel processado.

Na metodologia sugerida, o ruído de iluminação é removido utilizando filtros FAPG durante a fase de pré-processamento, o que melhora o contraste dos fotogramas. Ao manter as características das bordas e das pequenas imagens, os filtros FAPG também podem ser usados para restaurar imagens. A operação de filtragem FAPG baseia-se na noção de que o pixel central pertence à vizinhança local, dependendo do tamanho do seu grupo de pares[65]. A inspeção de pixels e a substituição de pixels são os principais componentes desta técnica de filtragem [4]. O grau de pertença do pixel central e da janela próxima deve ser calculado durante a fase de inspeção do pixel. Na fase de substituição, os pixels anómalos são substituídos por novos pixels utilizando o WAF.

A Figura 3.1 ilustra um círculo em que "p1" é o pixel no centro e "d" é o limiar. A distância entre o pixel central e os pixels circundantes (ou seja, p2 a p7) deve ser determinada para determinar os vizinhos próximos. Os eixos indicam as direcções nos espaços de cor RGB. Qualquer distância individual que seja superior a "d" é considerada como um outlier. Se a distância de um pixel se situar no intervalo de 0 a 1, diz-se que esse pixel é um vizinho próximo (CN). O tamanho do grupo de pares é determinado pelo número de vizinhos próximos. O tamanho do grupo de pares na Figura 3.1 é 4. Adicionalmente, d=0 apresenta pixels idênticos, enquanto d=1 apresenta a distância euclidiana no espaço de cor. O tamanho do grupo de pares dá uma medida dos pixéis sem ruído e dos pixéis corrompidos por ruído. O pixel será considerado corrompido quando as contagens do tamanho do grupo de pares forem baixas, mas não no caso contrário. Além disso, o parâmetro 'd' tem de ser escolhido com cuidado porque um valor elevado pode resultar na introdução de pixéis com ruído e, mesmo com esta abordagem, o ruído não pode ser removido.

Esta técnica pode ser utilizada para completar o trabalho de substituição de píxeis, uma vez determinada a dimensão do grupo de pares.

Quando o tamanho do grupo de pares de a1 é tomado em consideração para o pixel central p1, se a1≤1, o pixel deve ser substituído pelo resultado do WAF aplicado aos pixéis na mesma janela de operação, uma vez que é considerado um outlier [65]. Os pesos dos píxeis associados Pi variam entre i=2,...,n.

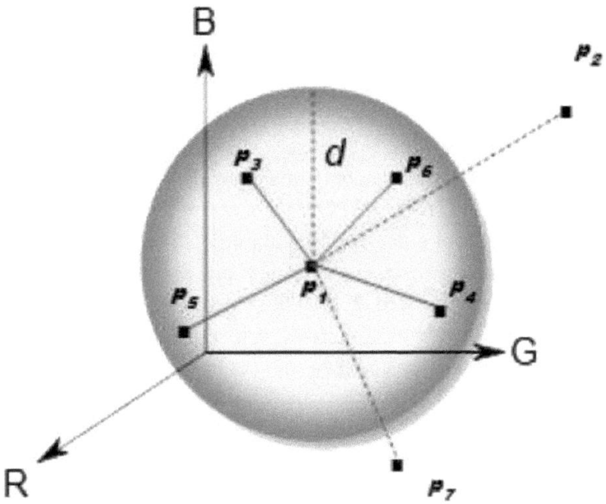

Figura 3.1. Grupo de pares e cálculo dos vizinhos próximos [65]

$$w_i = \frac{\sigma i}{\sum_{i=2}^{n} \sigma i} \quad \text{where } \sigma_i = a_i^{\beta} \qquad 3.1$$

Em que "n" indica a dimensão da janela e "ß" é um parâmetro suplementar que afecta a qualidade dos resultados. Após a substituição de p1, a saída OP1 do WAF é a que se apresenta:

$$OP_1 = \frac{1}{\sum_{i=2}^{n} wi} \sum_{i=2}^{n} w_i \cdot pi \qquad 3.2$$

Um maior número de CNs terá um maior impacto relativo no resultado do filtro. A média não será calculada para quaisquer pixéis que não tenham qualquer NC.

Quando o parâmetro β está entre 0 e 1 (ambos exclusivos), a diferença nos tamanhos dos grupos de pares de pixéis adjacentes diminui, e quando β é superior a 1 (ou seja, β >1), a diferença aumenta.

Neste caso, não são necessárias modificações e o grau de associação é suficiente para considerar o pixel central como não corrompido quando tem duas ou mais CN [65] . Além disso, em circunstâncias raras, é possível que W não contenha nenhum CN para todos os pixels disponíveis; neste caso, o tamanho da janela deve ser expandido até que sejam detectados pelo menos dois pixels não corrompidos.

O filtro FAPG deve ser comparado com outros filtros amplamente utilizados que se destinam a remover o ruído impulsivo para determinar a sua eficiência.

Seguem-se diferentes técnicas de filtragem que têm sido utilizadas na literatura disponível[65]. Os filtros FAPG têm algumas vantagens importantes em relação a estas técnicas.

- Filtro Vetorial Sigma Mediano (SVMFr)[65]
- Filtro Fuzzy de Redução de Ruído (FFNRF)[4][65]
- Filtro de Grupo de Pares (PGF)[4][65]
- Filtro Mediano Vetorial Modificado Rápido (FMVMF)[4][65]
- Filtro Vetorial Mediano Adaptativo (AVMF)[4][65]
- FVM adaptável com ponderação central (ACWVMF)[4][65]
- Filtro Mediano Vetorial Fuzzy Ordenado (FOVMF)[4][65]
- Filtro rápido de grupos de pares (FPGF)[4][65]

O esquema de redução de ruído proposto para o filtro FAPG é um dos filtros de comutação mais rápidos atualmente no mercado devido à técnica de deteção de impulsos muito rápida e eficaz no cálculo do esquema de substituição de pixels [4].

3.1. Comparação de desempenho com diferentes filtros:

É necessário comparar o FAPG com outros filtros amplamente utilizados, concebidos para a eliminação do ruído impulsivo, para avaliar a sua eficácia. Para efeitos de comparação, foram identificados os diferentes métodos de filtragem.

Para a comparação foi escolhido um conjunto de imagens de teste em [65] que estavam corrompidas por ruído impulsivo com diferentes intensidades, como se mostra na figura 3.2. Em [65], os impulsos nessas imagens foram removidos utilizando as definições por defeito sugeridas pelos criadores do filtro FAPG e de outros filtros de referência. O parâmetro de limiar foi fixado em d=0,1 e o parâmetro γ em 0,8 para todos os testes efectuados, porque esses valores estavam no meio dos intervalos de parâmetros sugeridos[65]. Na Figura 3.3, os resultados da filtragem são apresentados em termos de medidas de qualidade como PSNR, para além de outros termos como NCD, MAE, FSIMc e SRSIM. As conclusões seguintes são retiradas de um estudo dos resultados de filtragem obtidos.

1. Para níveis de contaminação baixos, a eficácia de redução de ruído do filtro FAPG é comparável à do PGF[65].

2. Os filtros FAPG excedem os filtros de referência e são particularmente eficazes para uma forte contaminação ($p \geq 0,3$, em que 'p' é a intensidade do ruído) [65].

3. Do ponto de vista do FSIMc e do SRSIM, o filtro FAPG é sempre a melhor opção[65].

a) Caps (CAP) b) Flower (FLO)

a) Rafting (RAF) b) Tiro ao alvo (SIX)

Figura 3.2. Imagens a cores de referência utilizadas para a avaliação da eficiência de redução de ruído do filtro FAPG[65]

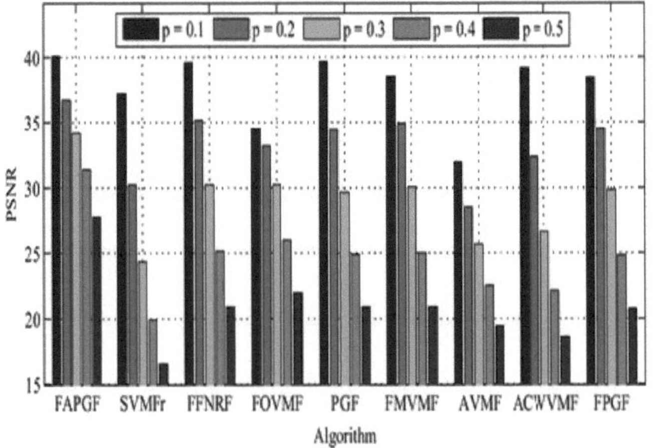

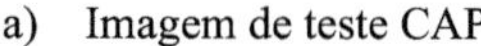

a)   Imagem de teste CAP

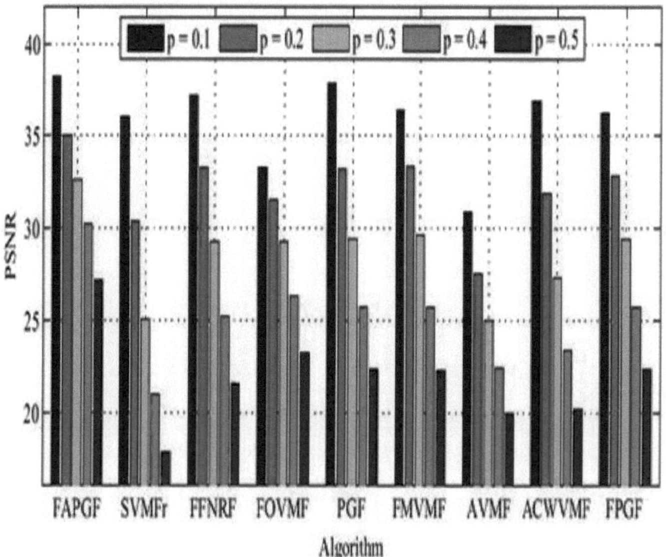

b)   b) Imagem de teste FLO

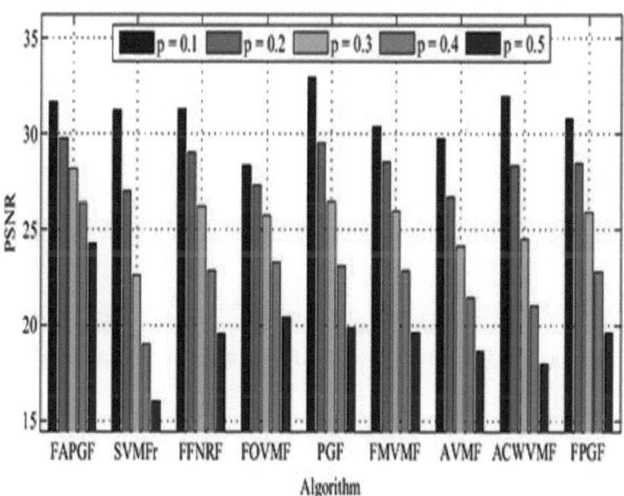

c)   c) Imagem de ensaio da RAF

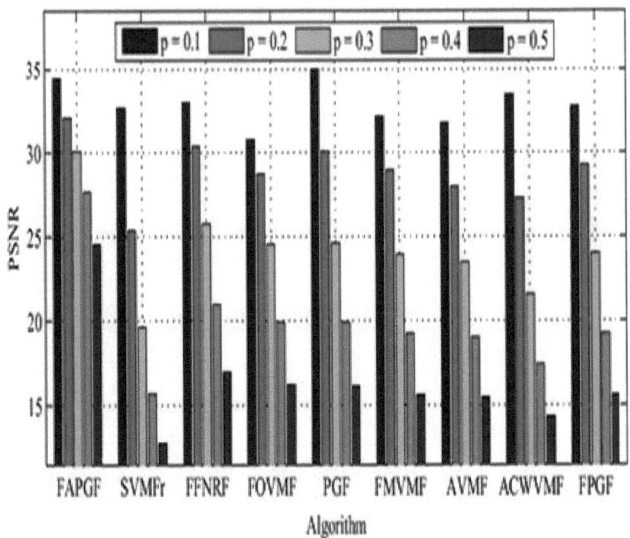

d)   d) SEIS imagens de teste Figura 3.3. Resultados da filtragem para diferentes imagens de teste[65]

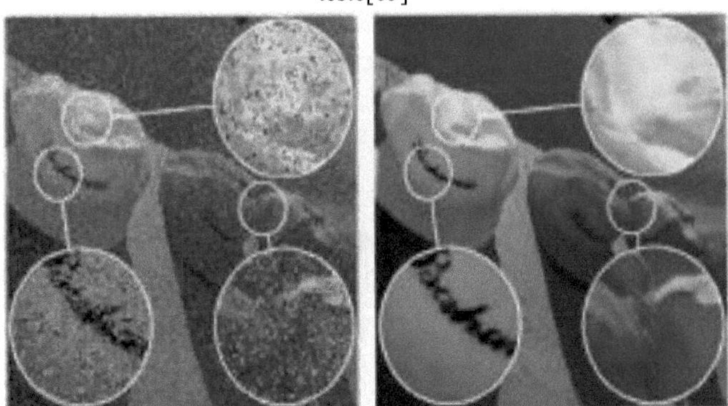

e)   **a) Imagem com ruído (CAP) b) Imagem filtrada (CAP)**

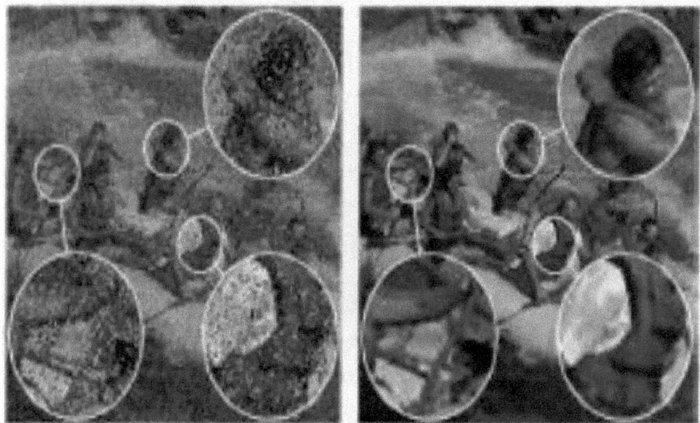

c) Imagem com ruído (RAF) d) Imagem filtrada (RAF)

Figura 3.4. Demonstração do filtro FAPG numa imagem de teste corrompida com ruído de *canal conjunto* (CT) de intensidade p = 0,3 [65]

As imagens de teste na Figura 3.4 mostram ruído impulsivo de intensidade p=0,3 contaminando o CAP e o RAF e que são utilizadas para demonstrar a qualidade dos resultados obtidos com os novos filtros e com os filtros de referência. A Figura 3.5, que mostra a saída do filtro para a imagem PEP degradada por um ruído de intensidade extremamente elevada, confirma ainda mais a eficácia do filtro para ruído impulsivo forte [65]. Embora o cenário seja fictício, demonstra a capacidade do filtro sugerido para lidar com a degradação de ruído grave.

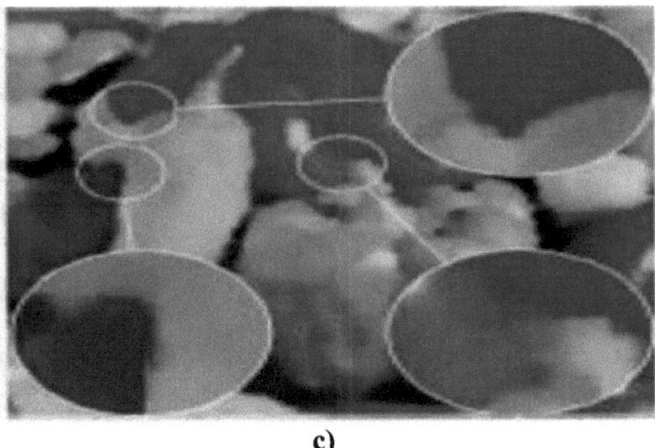

Figura 3.5. (a,b,c) Ilustração do restauro da imagem de teste PEP
contaminada por ruído CT (de intensidade p = 0,9) [65]

3.2. Complexidade computacional:

A eficiência computacional de qualquer conceção de filtragem é tão significativa como a eficiência de redução de ruído, porque determina frequentemente a aplicabilidade prática da conceção de filtragem em actividades de melhoramento de imagens. Como está fora do âmbito deste estudo comparar a nova conceção de filtragem com todos os filtros mais avançados, comparamos o custo computacional da nova conceção de filtragem com o FAPGF, que já foi discutido em secções anteriores. O FAPGF é considerado um dos filtros mais rápidos atualmente conhecidos na literatura, e a sua eficácia é equivalente à da técnica de redução de ruído de ponta a baixos níveis de contaminação por ruído[65]. Como as estratégias analisadas fazem parte da categoria de filtros de comutação, vamos concentrar-nos na quantidade de processos essenciais realizados pelo processo de substituição de pixels e na quantidade de actividades fundamentais necessárias para o processo de deteção de impulsos individualmente, excluindo o impacto da intensidade da contaminação da imagem na carga computacional. A complexidade computacional dos filtros de comutação aumenta à medida que a intensidade do ruído aumenta, porque a reposição dos pixels corrompidos exige procedimentos adicionais e demorados. [65].

CAPÍTULO 4

Deteção de transições abruptas utilizando o método de diferenciação de pixels

Cada abordagem SBD tem as suas próprias vantagens e desvantagens, como foi abordado no capítulo anterior, e defendemos que nenhum método pode identificar com exatidão todas as transições de tiro. Isto deve-se aos diferentes componentes que podem resultar em classificações, tal como referido na revisão da literatura. Durante a nossa investigação, observámos que existem duas categorias diferentes de erros de classificação: 1) A deteção de falsos alarmes ocorre quando uma transição é proclamada mesmo quando não é o caso. 2) A deteção falhada ocorre quando uma transição não pode ser detectada pelo procedimento. É evidente que a segunda categoria é extremamente difícil de retificar.

Para corrigir a deteção de falsos alarmes, tentámos inicialmente localizar todas as transições verdadeiras (ou seja, não houve um único disparo falhado). Um processo de conceção em duas fases destina-se a um método de deteção de limites de imagens de vídeo. O primeiro método utiliza a abordagem de diferenciação de píxeis para localizar as transições abruptas, enquanto outra abordagem detecta as transições abruptas e graduais (especialmente fade-in e fade-out), mesmo sob efeitos de iluminação.

Implementámos duas técnicas diferentes para a identificação do corte ou da transição abrupta: i) utilizando o método de diferenciação de pixéis e ii) utilizando o método de cálculo da diferença do histograma de cores HSV. Abordamo-las em pormenor da seguinte forma,

O primeiro método que implementámos é o método da diferença de pixels, que é a forma mais simples de obter a diferença entre os fotogramas adjacentes da sequência de vídeo, como mostra a figura 4.1. Aplicando este método aos fotogramas extraídos e concebendo o limiar para comparar as medidas de semelhança entre os fotogramas, é possível identificar a transição abrupta.

O procedimento pormenorizado é o seguinte

Seguem-se os passos importantes realizados para localizar a transição abrupta num vídeo selecionado. Utilizámos o conjunto de dados TRECVID juntamente com alguns vídeos de fonte aberta. Os passos básicos são,

1. Pré-processamento de vídeos

2. Extração de fotogramas de vídeo

3. Aplicação de termos estatísticos como o desvio padrão e a média sobre os fotogramas extraídos

4. Conceção do limiar

5. Comparação do limiar entre os fotogramas extraídos e deteção da transição abrupta (também conhecida como corte)

Esta é a abordagem mais simples para detetar a transição de disparo (no caso de uma transição abrupta). Por outro lado, esta abordagem não é muito adequada para detetar transições graduais. Porque as transições graduais têm muitos outros aspectos a considerar, que já foram discutidos nas secções anteriores.

Durante a fase de pré-processamento, os fotogramas devem ser convertidos para escala de cinzentos, o que ajuda a diminuir a complexidade computacional.

As características devem ser extraídas dos fotogramas e a diferença entre fotogramas sucessivos deve ser calculada. Considerando Fea_k como uma diferença de fotogramas e escrita como,

$$Fea_k = Fea_i - Fea_{i+1} \quad 4.1$$

L= Número de fotogramas
k=0 a L-2
i=0 a L-1

Isto faz com que o valor da diferença pixel a pixel esteja pronto para comparação posterior para a medida de semelhança e esta diferença é a matriz 2D.

Para obter informações sobre a variação dos segmentos de vídeo, é necessário determinar a média e o desvio padrão. De acordo com a ocorrência de limites de planos, a matriz de diferenças de fotogramas (FDA) irá adquirir valores.

A média da FDA será consistente com a FDA vizinha quando fizer parte do mesmo vídeo; caso contrário, quando ocorrer uma transição de plano, serão observadas grandes variações na FDA. Consequentemente, é possível reconhecer o limite de um plano de vídeo. O valor de limiar correto deve ser selecionado para um funcionamento preciso. Como a diferença de quadros segue a distribuição gaussiana, o desvio padrão (SD) é distribuído em torno da média [67].

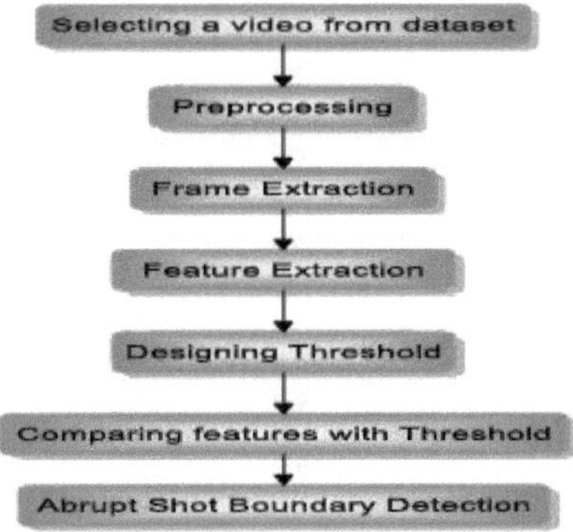

Figura 4.1. Algoritmo proposto para a deteção de interrupções utilizando a abordagem de diferenciação de pixels

Pixel
Abordagem de diferenciação

O limiar definido como,

$$Th = M + 2 * |\delta| \qquad\qquad 4.2$$

Onde, Th=limiar

M= Média

δ= Desvio-padrão

O valor de *Th* será definido para a comparação das diferenças. A diferença máxima assim calculada ajuda a localizar o corte, como mostra a figura 3.7 para diferentes vídeos de teste.

4.1. Conjunto de dados de vídeo:

De acordo com a literatura disponível, o conjunto de dados autênticos mais utilizado é o conjunto de dados de vídeo TRECVID, que é disponibilizado em https://trecvid.nist.gov/ pelo National Institute of Standards and Technology (NIST). Recolhemos o conjunto de dados de vídeo do TRECVID 2007 com um tamanho de 4,08 GB.

A descrição pormenorizada do conjunto de dados é mencionada no quadro 4.1.

QUADRO 4.1. Pormenores do conjunto de dados de vídeo (TRECVID 2007)[67]

Sr. Não.	Vídeo Nome	Taman ho (MB)	Duração (hh:mm:ss)	Resolução	N.º de fotogramas extraídos	Taxa de quadros (quadros/s)
1	BG_2408	235	00:23:55	352 x288	35888	25
2	BG_9401	327	00:33:22	352 x288	50045	25
3	BG_11362	107	00:10:56	352 x288	16412	25
4	BG_14213	544	00:55:24	352 x288	83111	25
5	BG_34901	225	00:22:55	352 x288	34385	25
6	BG_35050	242	00:24:39	352 x288	36995	25
7	BG_35187	190	00:19:20	352 x288	29020	25
8	BG_36028	295	00:29:59	352 x288	44987	25
9	BG_36182	194	00:19:44	352 x288	29606	25
10	BG_36506	99.7	00:10:08	352 x288	15206	25
11	BG_36537	327	00:33:20	352 x288	50000	25
12	BG_36628	370	00:37:42	352 x288	56561	25
13	BG_37359	189	00:19:16	352 x288	28904	25
14	BG_37417	150	00:15:20	352 x288	23000	25
15	BG_37822	143	00:14:38	352 x288	21956	25
16	BG_37879	190	00:19:20	352 x288	29015	25

TABELA 4.2. Detalhes do conjunto de dados de vídeo (TRECVID 2016- 19 (Internet

Arquivado))

Sr. Não.	Nome do vídeo	Tamanh o (MB)	Duração (hh:mm:ss)	Resolução	N.º de fotogramas extraídos	Taxa de quadros (quadros/s)
1	35349	26.4	00:06:26	320 x 240	9650	25
2	35350	26.8	00:06:26	320 x 240	11580	29.97
3	35351	25.9	00:06:26	320 x 240	11580	29.97
4	35354	26.6	00:06:26	320 x 240	9650	25
5	35356	26.8	00:06:26	320 x 240	11580	29.97
6	35378	37.8	00:06:27	640 x 360	5801	14.99
7	35400	26.2	00:06:28	320 x 240	11628	29.97
8	35402	27.2	00:06:28	320 x 240	11640	30

QUADRO 4.3. Detalhes do conjunto de dados de vídeo (conjunto de dados de fonte aberta (cortesia: YouTube))

Sr. Não.	Nome do vídeo	Tamanho (MB)	Duração (hh:mm:ss)	Resolução	N.º de fotogramas extraídos	Taxa de quadros (quadros/s)
1	Cracker	6.66	00:00:44	1280 x 720	1319	29.97
2	MSD	4.51	00:00:38	1280 x 720	1139	29.97
3	DK	101	00:05:48	1280 x 720	10430	29.97
4	F1race	129	00:08:07	1280 x 720	11375	25
5	X-Men	21.4	00:02:35	1280 x 720	3717	23.98

Contém vários vídeos de diferentes categorias e com diferentes durações. Além disso, recolhemos alguns vídeos do TRECVID 2016, 2017, 2018 e 2019 dos arquivos da Internet. Também realizámos experiências com vídeos recolhidos de fontes de vídeo abertas, como o YouTube.

Estes vídeos têm uma variedade de taxas de fotogramas e resoluções. Como mencionado no capítulo anterior, o pré-processamento já foi efectuado nos vídeos.

Avaliámos o desempenho do algoritmo proposto desde a resolução mais baixa de vídeos de valor 352 x 288 até à mais alta de 1280 x 720 (em formato MP4). O nosso sistema apresentou um desempenho eficiente para a variedade mencionada de vídeos com resoluções variáveis. Os vídeos consistem em transições abruptas e graduais e outros pormenores são mencionados nas tabelas 4.1, 4.2 e 4.3. Esta mostra pormenores importantes de todos os vídeos de teste utilizados nas experiências.

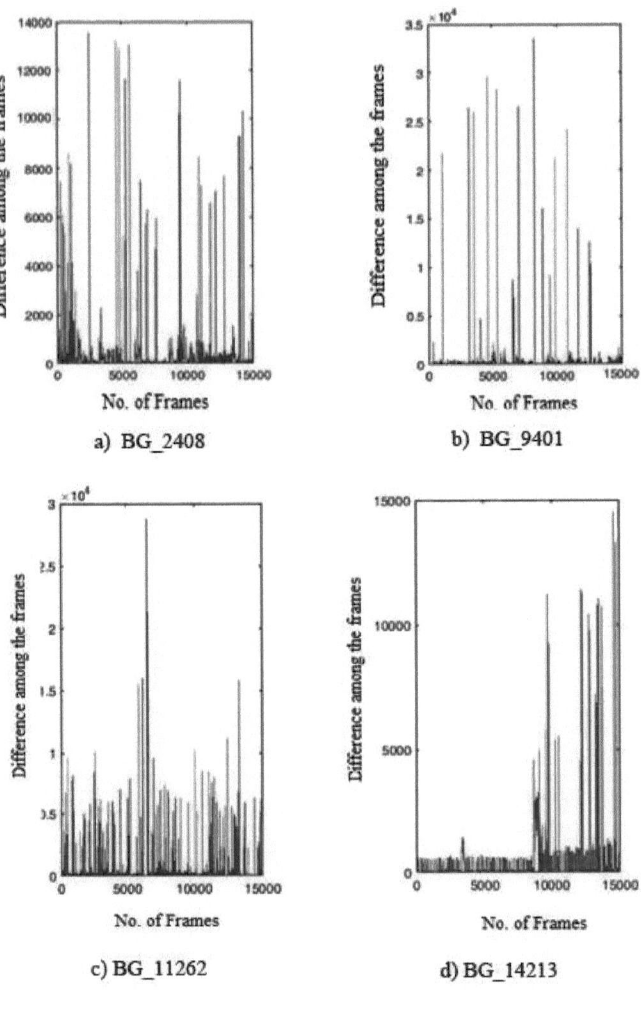

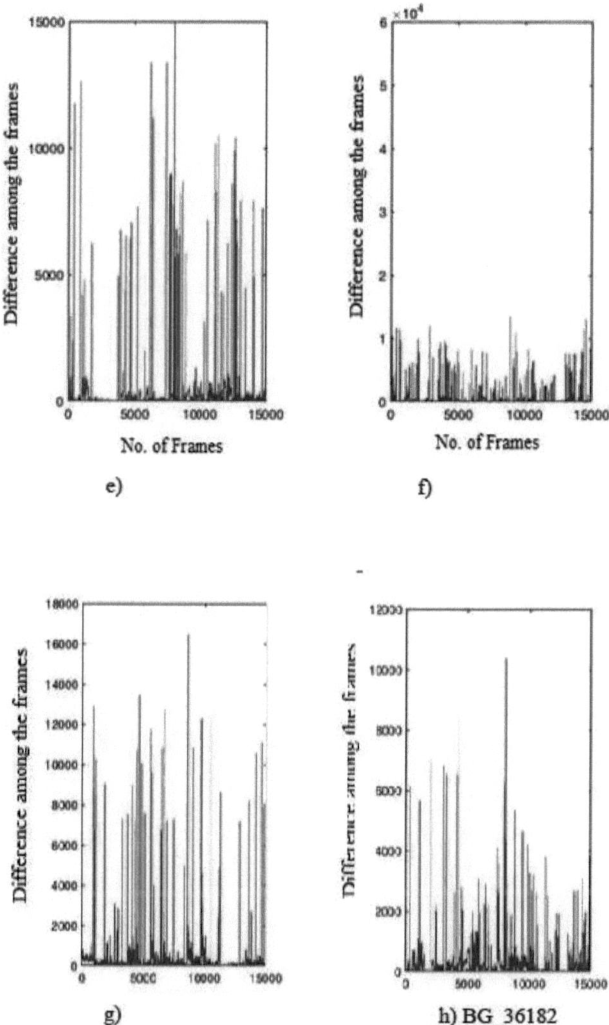

Figura 4.2. Medida de diferença máxima de diferentes vídeos TRECVID

A Figura 4.2 mostra a diferença máxima detectada acima do limiar (picos acentuados), o que indica a ocorrência de transições abruptas. Aqui testámos vários vídeos para os primeiros 15000 fotogramas. Os picos longos e agudos mostram o corte detectado. Medimos a diferença entre cada fotograma adjacente. Os pormenores dos vídeos de teste do TRECVID 2007, alguns vídeos do TRECVID 2016 a 2019 e vários vídeos de fonte aberta do YouTube são mencionados nos quadros 4.1, 4.2 e 4.3. Neste algoritmo, são testados vídeos com diferentes resoluções e taxas de fotogramas. Os vídeos são pré-processados antes de serem submetidos ao procedimento de deteção. Este método beneficia o tempo de computação, uma vez que foram efectuadas operações estatísticas simples. A secção seguinte trata das métricas de desempenho que são normalmente utilizadas para a avaliação do desempenho.

4.2. Métricas de desempenho:

Utilizamos métricas de desempenho como Precisão, Taxa de Recuperação e Pontuação F1 para avaliar a eficácia da técnica SBD. A precisão em termos de observações positivas é o rácio entre as observações corretamente previstas e todas as observações positivas previstas. A recuperação é o rácio entre as observações positivas corretamente previstas e o número total de observações de grupo que foram feitas. A média ponderada da precisão e da recuperação é a pontuação F1. Estes parâmetros determinarão a eficiência e a fiabilidade do algoritmo.

$$Precision = \frac{T_p}{(T_p + F_p)} \qquad\qquad 4.3$$

$$Recall = \frac{T_p}{(T_p + F_n)} \qquad\qquad 4.4$$

$$F1\ Score = \frac{2*Precision*Recall}{(Precision + Recall)} \qquad\qquad 4.5$$

T_p =Identificações positivas verdadeiras F_p =Identificações positivas falsas T_n =Identificações negativas verdadeiras F_n =Identificações negativas falsas

Os quadros 5.1, 5.2 e 5.3 do próximo capítulo mostram os valores das métricas de desempenho para vários vídeos do TRECVID 2007, 2016, 2017, 2018, 2019 e alguns vídeos de fonte aberta recolhidos para o YouTube.

CAPÍTULO 5

Análise e discussão dos resultados do método de diferenciação de pixels

Esta secção consiste nos valores das métricas de desempenho. A Figura 5.1 mostra a localização dos fotogramas em que ocorreu a transição abrupta de tiro.

Frame 257   Frame 258

Frame 1046   Frame 1047

a) Corte detectado no vídeo ID: BG_2408
b) Corte detectado no vídeo ID: BG_9401

Frame 10509   Frame 10510

c) Cut Detected in video ID: BG_14213

Frame 261   Frame 262

c) Corte detectado no vídeo ID: BG_14213
d) Corte detectado no vídeo ID: BG_34901

Frame 37   Frame 38

e) Cut Detected in video ID: BG_35050

Frame 30   Frame 31

e) Corte detectado no vídeo ID: BG_35050
f) Corte detectado na MSD

35

Frame 82   Frame 83

g) Cut detected in DK

Frame 310   Frame 311

g) Corte detectado em DK
h) Corte detectado no F1race

Frame 752   Frame 753

i)   Cut Detected in video ID: BG_35187

Frame 175   Frame 176

i) Corte detectado no vídeo ID: BG_35187
j) Corte detectado no vídeo ID: 35349 Figura 5.1. Deteção de cortes em diferentes vídeos de teste

TABELA 5.1. Análise de resultados para a deteção de transições abruptas (AT) utilizando o método de diferenciação de pixels (conjunto de dados TRECVID 2007)

S. Não	Vídeo Nome	Cortes reais presentes	Precisão %	Recall %	Pontuação F1 %
1	BG_2408	101	95.23	88.5	91.73
2	BG_9401	89	93.5	90.14	91.79
3	BG_11362	104	94.4	90.88	92.6
4	BG_14213	106	91.8	86.58	89.11
5	BG_34901	224	95.4	88.54	91.83
6	BG_35050	98	94.54	94.4	94.47
7	BG_35187	135	92.87	91.35	92.1
8	BG_36028	87	91.54	90.21	90.87
9	BG_36182	95	90.58	89	89.78
10	BG_36506	77	88	87.54	87.77
11	BG_36537	259	89.5	87.4	88.44
12	BG_36628	192	89.65	87.48	88.55
13	BG_37359	164	94.54	90.25	92.34
14	BG_37417	76	94.58	91.2	92.86
15	BG_37822	119	89.65	87.48	88.55
16	BG_37879	190	95.23	88.5	91.73

Tabela 5.2. Análise de resultados para deteção de TA usando o método de diferenciação de pixels (conjunto de dados TRECVID 2016-19 Internet Achieved)

S. Não	Nome do vídeo	Cortes reais presentes	Precisão %	Recall %	Pontuação F1 %
1	35349	49	99.15	97.14	98.14
2	35350	35	98.89	99.54	98.25
3	35351	76	99.55	99.12	99.34
4	35354	7	99.15	96.36	97.73
5	35356	58	99.15	96.12	97.61
6	35378	33	99.55	99.13	99.34
7	35400	0	97.15	95.12	98.61
8	35402	10	98.55	97.13	98.34

TABELA 5.3. Análise dos resultados da deteção de TA através do método de diferenciação de pixels (conjunto de dados de fonte aberta (cortesia: YouTube))

S. Não	Vídeo Nome	Cortes reais presentes	Precisão %	Recall %	Pontuação F1 %
1	Cracker	-	95.23	88.5	91.73
2	MSD	9	99.13	94.74	97.49
3	DK	84	97.15	95.12	98.61
4	F1race	121	98.55	97.13	98.34
5	X-Men	83	99.15	93.86	99.15

100
95
90
85
80
75
70
65
60
Performance Metrics (in %)
BG_2408
BG_9401
BG_11362
BG_14213
BG_34901
BG_35050
BG_35187
BG_36028
BG_36182
BG_36506
BG_36537
BG_36628
BG_37359
BG_37417
BG_37822
BG_37879
Video IDs
Precision % Recall % F1 Score %

a)

100
95
90
85
80
75
70
65
60
Performance Metrics (in %)
35349
35350
35351
35354
35356
35378
35400
35402
Video IDs
Precision % Recall % F1 Score %

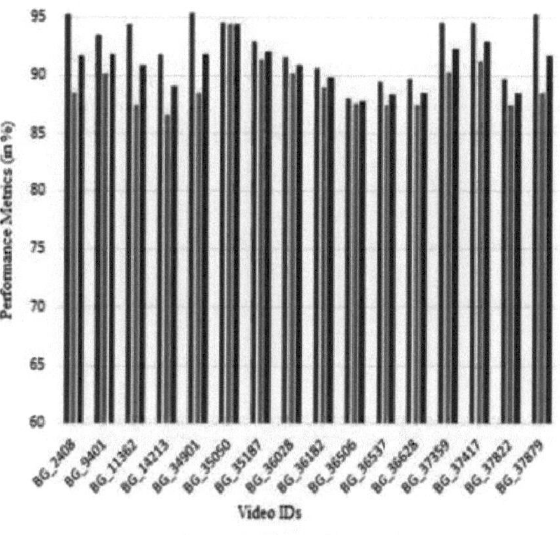

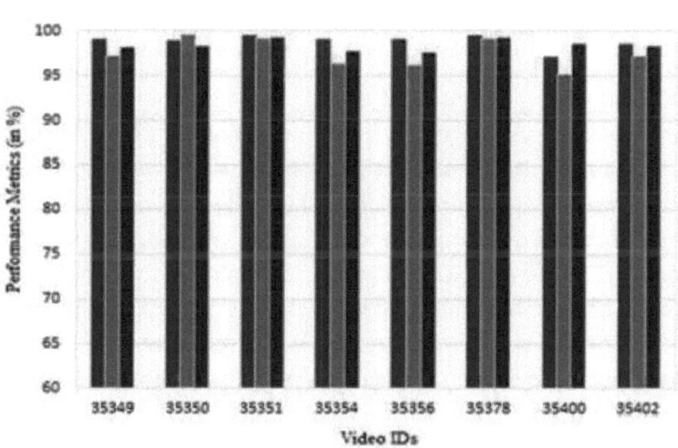

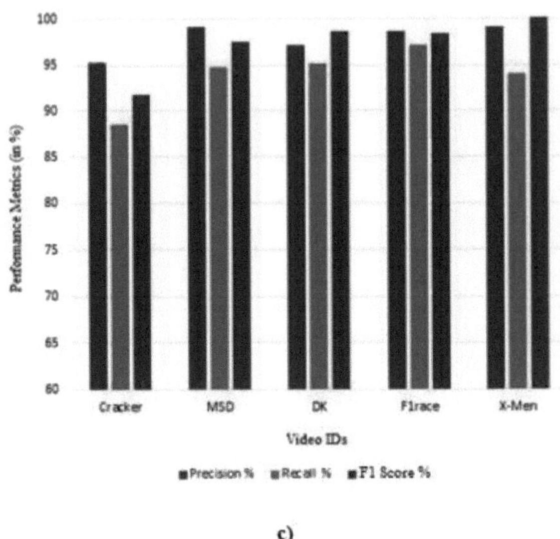

c)

Figura 5.2. (a, b, c) Representação gráfica do desempenho para diferentes vídeos de teste

5.1. Resumo do resultado do método de diferenciação de pixels:

Concluímos o presente capítulo com os resultados experimentais. Como mencionado, utilizámos os vídeos autênticos dos conjuntos de dados TRECVID 2007[68]. Além disso, utilizámos alguns vídeos arquivados na Internet do TRECVID 2016, 2017, 2018 e 2019 e alguns vídeos de código aberto do YouTube. As tabelas 5.1, 5.2 e 5.3 apresentam os valores das métricas de desempenho. A Figura 5.2 mostra a visualização gráfica do mesmo. O valor médio de precisão para os vídeos do conjunto de dados TRECVID 2007 é de 92,56 %, enquanto a taxa de recuperação e a pontuação F1 são de 89,34 % e 90,90 %, respetivamente. Do mesmo modo, para os vídeos arquivados TRECVID dos conjuntos de dados de 2016, 2017, 2018 e 2019, o valor de precisão é de 98,89%, enquanto a taxa de recuperação e a pontuação F1 são de 97,45% e 98,42%. Também testámos o algoritmo nos vídeos de fonte aberta (ou seja, YouTube) e obtivemos a precisão, a taxa de recuperação e a pontuação F1 de 97,84%, 93,87% e 97,06%, respetivamente. Uma vez que este método é simples e requer menos tempo de cálculo, a deteção correcta de transições graduais não é possível com esta abordagem. Podemos variar o valor do limiar para ter em conta os falsos alarmes, mas as transições do tipo gradual não podem ser detectadas com a precisão adequada, uma vez que são constituídas por vários efeitos de edição.

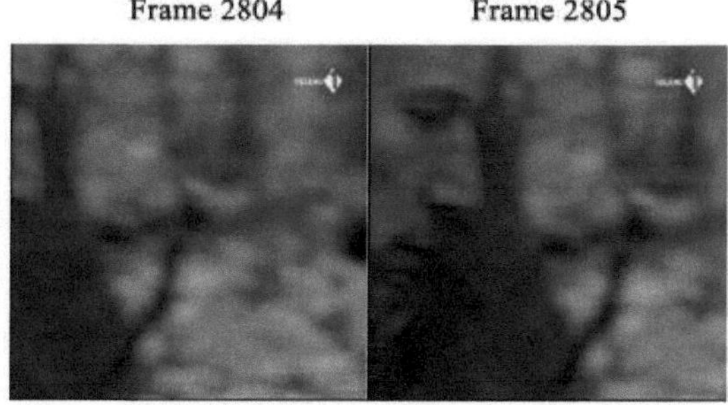

TRECVID 2007 video id: BG_36506

a)

TRECVID 2007 video id: BG_37822

b)

Figura 5.3. Deteção de cortes falsos
A Figura 5.3 mostra algumas das falsas detecções de cortes do vídeo BG_36506 e BG_37822 do conjunto de dados TRECVID 2007.

Deteção de transições bruscas e graduais utilizando o histograma de cor HSV e fusão de transformações com a abordagem DBN-SSDOA

Tal como discutido nas secções anteriores, a deteção de transições graduais é bastante difícil utilizando abordagens simples e convenientes que foram mencionadas no procedimento de deteção de transições abruptas. A figura 6.1 ilustra os passos efectuados na deteção dos limites dos disparos. Aqui, implementámos a técnica para este fim. Neste caso, propusemos e implementámos um método em que é feito um híbrido da Transformada Wavelet Complexa de Árvore Dupla (DTCWT) e da Transformada de Walsh Hadamard (WHT). Neste método, as vantagens de ambas as transformadas são combinadas para a extração das características das imagens de vídeo.

Além disso, efectuámos a filtragem no passo de pré-processamento para eliminar o ruído de iluminação dos fotogramas que provoca resultados falsos. A remoção deste ruído impulsivo permite obter resultados precisos na presença de efeitos de iluminação, uma vez que, como se pode ver na literatura disponível, a iluminação e os efeitos de luz são os grandes desafios na localização dos limites correctos dos disparos. Para tal, utilizámos os filtros Fast Averaging Peer Group[65], que já foram abordados na secção anterior. Empregando procedimentos de inspeção e substituição de pixels, os filtros FAPG melhoram o contraste e minimizam o ruído da iluminação. Utilizando o WHT e o DTCWT, extraímos as características úteis, como a cor, a margem e a textura, do vídeo em teste. Após a extração das características, o desenho do sinal de continuidade deve ser formado. Há diferentes características que devem ser extraídas e o sinal ou função de continuidade comum deve ser preparado através da soma ponderada de cada uma delas. A função de continuidade ajudará a detetar o limite do disparo com a ajuda do limiar concebido. Após a deteção da transição do disparo, a classificação deve ser feita para classificar a transição do disparo em abrupta ou gradual (fade-in ou fade-out) com a utilização da Deep Belief Network (DBN) - Social Ski Driver Optimization Algorithm (SSDOA). Esta abordagem dá um excelente resultado na localização de transições abruptas e graduais, especialmente fade-in e fade-out [69]. O processo de deteção dos limites dos disparos é discutido em profundidade da seguinte forma: os vídeos/quadros pré-processados devem ser submetidos à ação de filtragem fornecida pelos filtros Fast Averaging Peer Group. A Figura 6.1 mostra os passos pormenorizados para localizar a fronteira do plano. Em primeiro lugar, discutiremos as técnicas de cálculo da diferença de histograma que são descritas em pormenor a seguir.

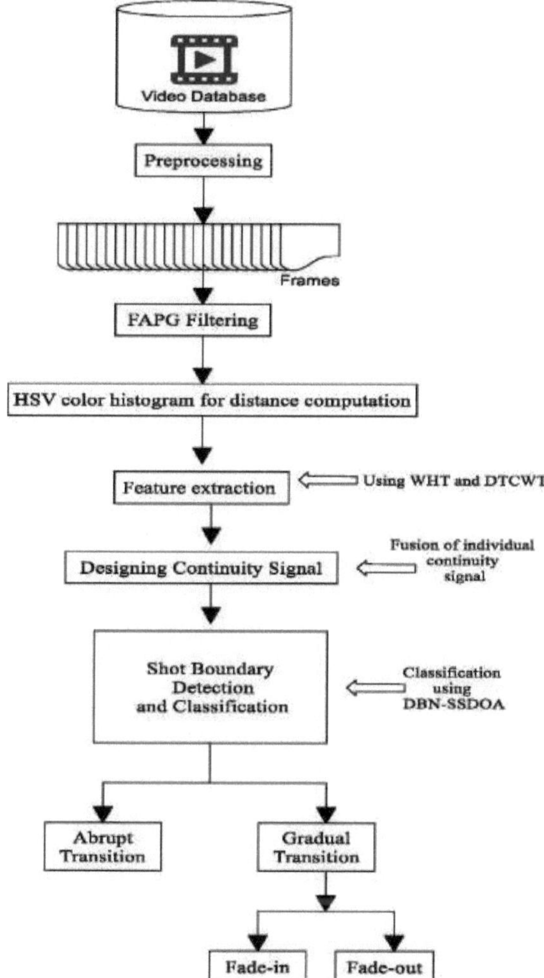

Figura 6.1. Metodologia proposta para a transição abrupta (TA) e

Deteção de transição gradual (GT)

6.1. Cálculo da distância de cor com histogramas HSV:

A extração de características é o passo mais importante para que qualquer algoritmo SBD obtenha o resultado desejado. Existem diferentes características que podem ser extraídas do vídeo, como a cor, a margem, a textura e o movimento. Como resultado, uma ou mais características podem desempenhar um papel de entrada para a conceção do sinal de continuidade. Como sabemos, o vídeo é composto por vários fotogramas ligados numa sequência para ter uma ação contínua no tempo. E em relação a esses fotogramas, podemos encontrar o valor da diferença, que pode detetar o limite do plano quando excede o limiar.

A localização do limite do plano utilizando a extração de características de cor e a conceção da função de continuidade para obter a medida de semelhança/dissemelhança é considerada a mais comum para muitas das técnicas existentes no estado da arte. Também se observou que o espaço de cor HSV é o espaço de cor mais preferido em relação aos outros.

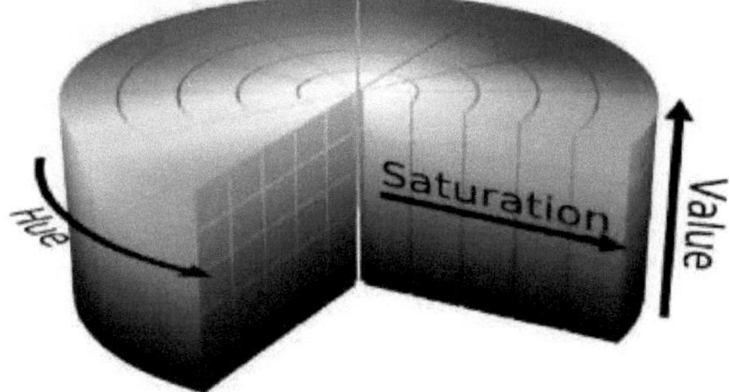

Figura. 6.2. Modelo de cor HSV
(Courtsey:https://en.m.wikipedia.org/wiki/File:HSV_color_solid_cylinder.p
ng)

A Figura 6.2 apresenta o modelo HSV como uma imagem em forma de cilindro com a dimensão angular indicada para a tonalidade, o vermelho primário a 0°, o verde primário a 120°, o azul primário a 240° e, finalmente, o regresso ao vermelho a 360°. O branco com brilho 1 (valor 1) e o preto com brilho 0 constituem as tonalidades neutras, acromáticas ou cinzentas que compõem o eixo vertical central de cada geometria (valor 0). Em comparação com o espaço de cor RGB, o sistema de cor HSV é mais fácil de compreender. Além disso, descreve uma tonalidade em três dimensões. Para ser mais preciso, expressa os pontos do modelo de cor RGB num sistema de coordenadas cilíndricas. A tonalidade é a caraterística principal das três dimensões, que são normalmente descritas como vermelho, amarelo ou azul. A finura da cor é descrita pela saturação. A pureza da tonalidade aumenta com o aumento do valor. A cor torna-se mais cinzenta quanto mais baixo for o valor. A quantidade, frequentemente conhecida como brilho, mede o quanto uma cor se desvia do preto[70]. A equação seguinte descreve como converter o espaço de cor RGB para HSV[39].

$$V = \max (R, G, B) \qquad\qquad 6.1$$

$$S = \begin{cases} \dfrac{V-\min(R,G,B)*255}{V}, & for\ V \neq 0 \\ 0, & otherwise \end{cases} \qquad 6.2$$

$$H = \begin{cases} \dfrac{30(G-B)}{S}, & for\ V = R \\ 60 + \dfrac{30(B-R)}{S}, & for\ V = G \\ 120 + \dfrac{30(R-G)}{S}, & for\ V = B \end{cases} \qquad 6.3$$

Uma diferença de histograma é um indicador útil da semelhança de imagens, uma vez que é menos suscetível a pequenos movimentos[71]. Fornecemos uma medida mais fiável da correlação de imagens, identificando alterações substanciais no histograma de cores ponderado de duas imagens. Para reduzir a distorção provocada pelo ruído e pelo movimento, a diferença de histograma pode também ser utilizada em sub-regiões.

44

A expressão para o histograma de cores é dada como,

$$ColHist(i) = \frac{n_i}{N}, \quad i = 1,2, ..., h \qquad 6.4$$

Onde, N=número total de pixéis
h= Número total de valores de cor no histograma
n_i= número de pixéis com a cor i
O vetor do histograma de cores da imagem M é denotado como,

$$ColHist(M)= (k_1, k_2, ..., k_h) \qquad 6.5$$

A diferença do histograma é calculada como,

$$Hist_{diff}[j] = \sqrt{\sum_{i=1}^{N} |k_{j,i} - k_{j-1,i}|^2} \qquad 6.6$$

Onde a diferença entre o quadro 'j' e 'j-1' é denotada como $Hist_{di}\,ff[j]$ O histograma de cor para o quadro j com N dimensões é denotado como k_j [69].

A Figura 6.3 ilustra como a abordagem do histograma para a deteção de abrupções é claramente apresentada nos dados traçados como um pico acentuado. Uma vez que a diferença significativa entre os fotogramas consecutivos identifica explicitamente a posição da transição abrupta, esta identificação é um processo simples. Foi um desafio encontrar transições de carácter gradual. Este facto resulta de certos efeitos de edição aplicados a fotogramas com ligeiras variações. Além disso, a adição de flash e outros efeitos de iluminação tornará mais difícil e suscetível de falsos acertos a identificação de transições graduais.

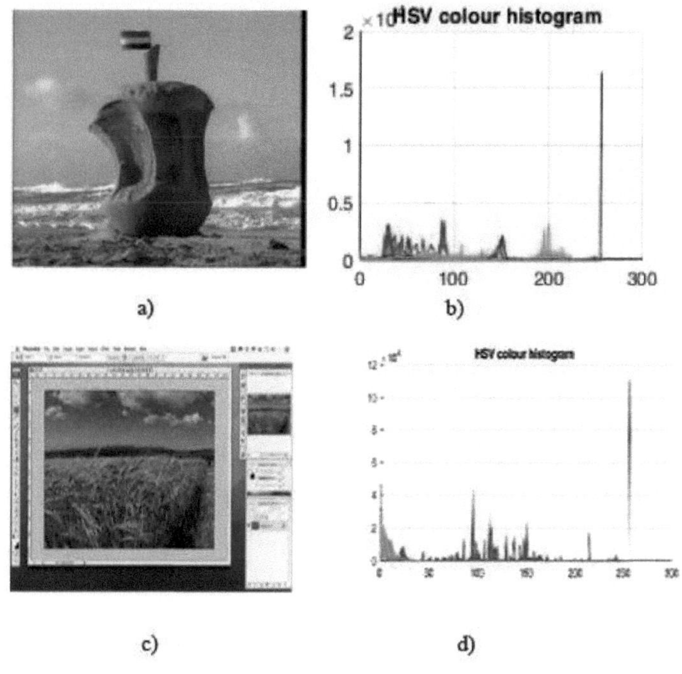

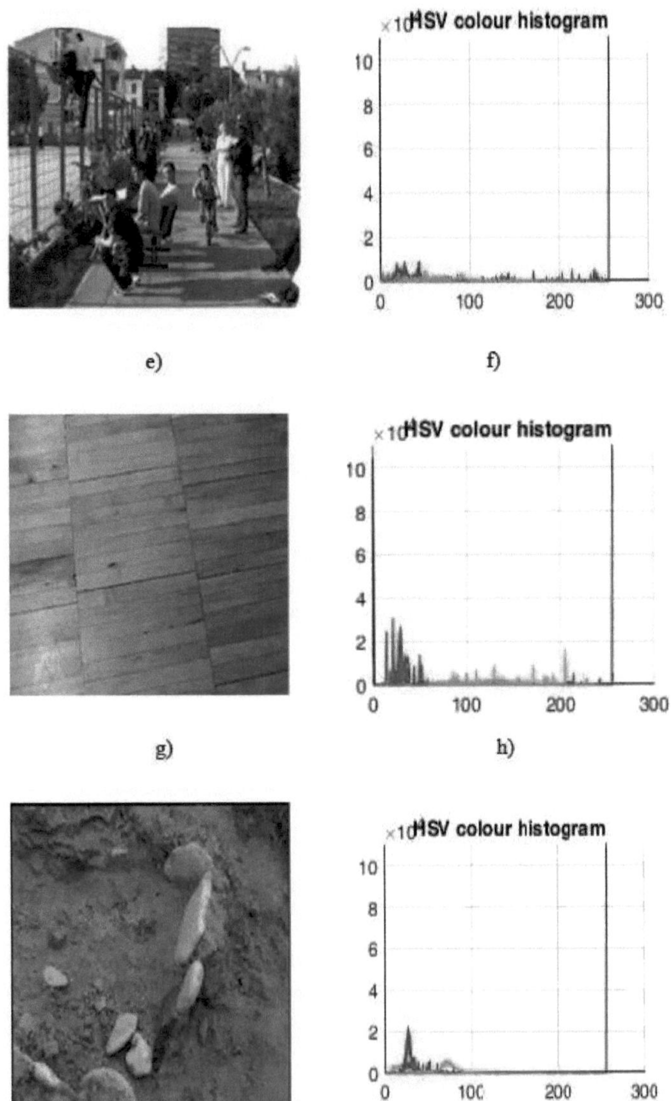

e)

f)

g)

h)

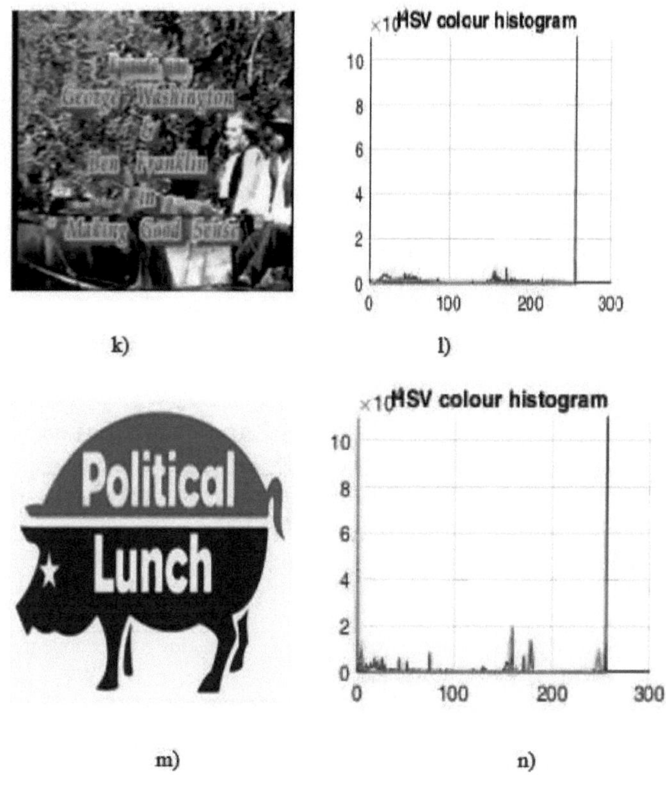

m) n)

Figura 6.3. Histograma de cores HSV para os fotogramas filtrados

6.2. Extração de características baseada na fusão da transformada de Walsh Hadamard e da transformada Wavelet complexa de árvore dupla (WHT-DTCWT):

A transformada wavelet oferece vantagens, incluindo a representação esparsa e algoritmos de computação eficazes. No entanto, tem problemas com aliasing, oscilações, variância de deslocamento e falta de direccionalidade.

i) Oscilações: Como as wavelets são funções de passagem de banda, oscilam frequentemente em direcções positivas e negativas em torno de singularidades. Isso adiciona uma grande complexidade ao processamento baseado em wavelets, tornando particularmente difícil extrair singularidades e modelar sinais[72]. Variância de deslocamento: Por uma pequena alteração nos dados, o padrão de oscilação do coeficiente wavelet perto das singularidades é dramaticamente afetado. Além disso, a variância de deslocamento torna o processamento no domínio das wavelets mais difícil, uma vez que as singularidades deslocadas podem resultar numa grande variedade de padrões de coeficientes wavelet[72].

ii) Aliasing: Os coeficientes da wavelet são produzidos utilizando processos iterativos de redução da amostragem em tempo discreto intercalados com filtros passa-baixo e passa-alto imperfeitos, o que resulta num aliasing significativo. Outra forma de dizer isto é que os

47

coeficientes da wavelet têm um grande espaçamento entre amostras. É evidente que a DWT inversa ajuda a eliminar este aliasing, mas apenas se a escala e os coeficientes wavelet permanecerem os mesmos. Qualquer processamento dos coeficientes wavelet (como limiarização, filtragem e quantização), que introduza erros no sinal reconstruído, perturba o delicado equilíbrio entre as transformações direta e inversa[72].

iii) Falta de direccionalidade: Embora as sinusóides de Fourier que possuem dimensões mais elevadas pertençam a ondas planas muito direccionadas, a construção do produto tensorial padrão das ondaletas M-D oferece um padrão quadriculado que é simultaneamente orientado ao longo de várias direcções. É extremamente difícil modelar e analisar elementos visuais geométricos, como cristas e arestas, devido a esta falta de seletividade direcional [72].

Como se pode prever inicialmente, a criação de uma transformada wavelet analítica invertível não é tão fácil. Em particular, as transformadas de ondaletas analíticas com as propriedades desejadas não se prestam à estrutura dos bancos de filtros (FB), que é normalmente utilizada para criar a DWT atual.

A CWT de árvore dupla é um método eficiente para pôr em prática uma transformada wavelet analítica. Kingsbury propôs-a inicialmente em 1998. O conceito subjacente à técnica de árvore dupla é relativamente simples, muito semelhante ao conceito de pós-filtragem positiva/negativa de sinais de sub-banda reais. A DTCWT utiliza duas DWTs reais; a primeira DWT ocupa-se da parte real da transformada e a segunda DWT ocupa-se da parte imaginária da transformada. As Figuras 6.4 e 6.5 mostram a análise e síntese das FBs que foram utilizadas para criar a DTCWT e sua inversa[72].

A capacidade de qualquer algoritmo SBD para produzir resultados fiáveis depende em grande medida da extração de características. No sistema sugerido, a DTCWT e a WHT são combinadas para extrair características. Esta é a solução mais eficaz, uma vez que incorpora as principais vantagens de ambos os tipos de transformações. Duas DWTs reais são utilizadas pela DTCWT. A primeira lida com a parte real da transformação, enquanto a segunda lida com a parte imaginária. As duas principais vantagens da DTCWT em relação à DWT são a seletividade direcional e a invariância de deslocamento. Existem sub-bandas separadas para orientação positiva e negativa na DTCWT.

A figura 6.5 ilustra a síntese dos bancos de filtros para o DTCWT, enquanto a figura 6.4 mostra a análise dos bancos de filtros para o DTCWT. Para o banco de filtros superior (FB), são utilizados os pares de filtros passa-baixo e passa-alto $h_0(n)$ e $h_1(n)$. Para o FB inferior, os pares de filtros passa-baixo e passa-alto são $g_0(n)$ e $g_1(n)$[72].

As duas wavelets reais ligadas a cada uma das duas transformações de wavelets reais serão designadas por $\varphi_h(t)$ e $\varphi_g\ (t)$. Os filtros são feitos para satisfazer o critério PR e para aproximar a analiticidade para a wavelet complexa[72].

Denotaremos as duas ondaletas reais associadas a cada uma das duas transformadas de ondaletas reais como $\varphi_h(t)$ and $\varphi_g(t)$.

Além disso, satisfazendo as condições PR, os filtros são concebidos de modo a que a ondulante complexa apresentada abaixo seja aproximadamente analítica.

$$\varphi(t) := \varphi_h(t) + j\varphi_g(t) \qquad 6.7$$

Em alternativa, são construídos de modo a que $\varphi_g\ (Q)$ corresponda aproximadamente à transformada de Hilbert de $\varphi_h\ (t)$, onde, $\varphi_g(t) \approx H\{\varphi_h(t)\}$ 6.8

Note-se que os filtros são entidades reais; a DTCWT pode ser implementada sem necessidade de cálculos complexos. Lembre-se que a CWT de árvore dupla é duas vezes expansiva em 1-D e que não é uma transformada de amostragem crítica, uma vez que a taxa total de dados de saída é precisamente duas vezes mais rápida do que a taxa de dados de entrada. A inversa da CWT de árvore dupla é tão simples como a transformação direta. A inversa de cada uma das duas DWTs reais é utilizada para produzir dois sinais reais para inverter a transformada, que envolve as partes real e imaginária. A saída final é então calculada através da média destes dois sinais reais. No entanto, essas DTCWTs inversas não capturam totalmente os benefícios que uma transformada de wavelet analítica oferece. Note-se que o sinal original x(n) pode ser recuperado quer a partir da componente real quer da parte imaginária.

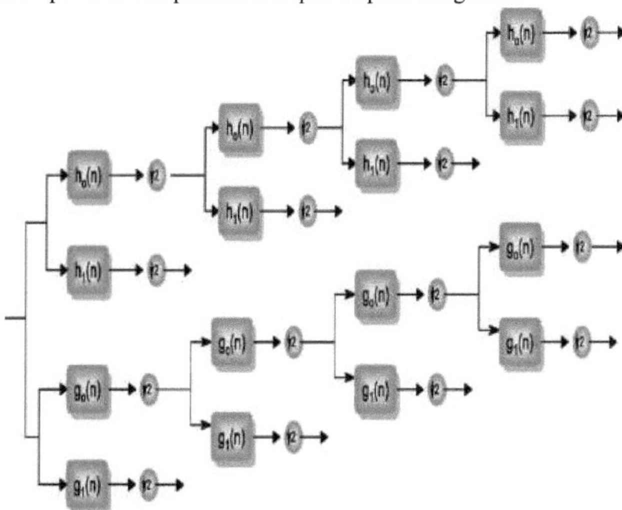

Figura.6.4. Análise dos bancos de filtros do DTCWT [69]

Se F_h e F_g forem matrizes quadradas que denotam duas DWTs reais, então a matriz retangular pode ser utilizada para mostrar a DTCWT.

$$F = \begin{bmatrix} F_h \\ F_g \end{bmatrix}$$ 6.9

Se o vetor denota o sinal real, então, $w_g = F_g x$ denota a parte imaginária da DTCWT e $w_h = F_h x$ corresponde à componente real da DTCWT. Quando se utiliza $w_h + jw_g$, os coeficientes complexos são indicados. A inversa (à esquerda) de F é,

$$F^{-1} = \tfrac{1}{2}\begin{bmatrix} F_h^{-1} & F_g^{-1} \end{bmatrix}$$ 6.10

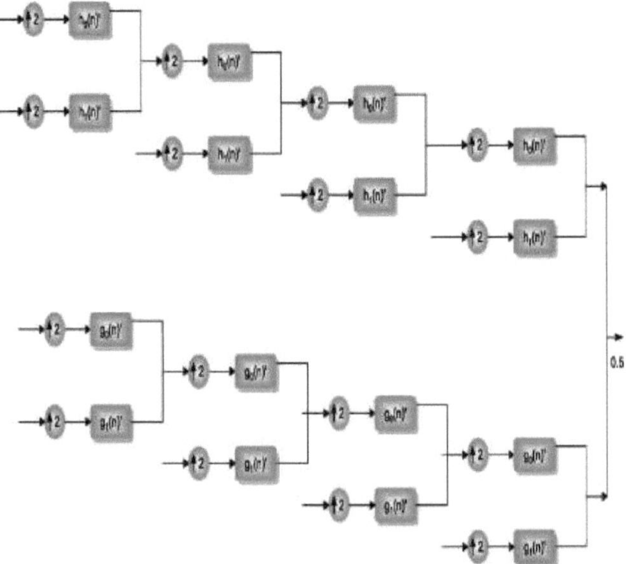

Figura 6.5. Síntese de bancos de filtros DTCWT [69]

Vamos agora discutir abaixo as propriedades importantes da Transformada de Walsh Hadamard e a extração de características importantes dos quadros para conceber a função de continuidade.

Devido ao seu desempenho, flexibilidade, resiliência, entropia e compactação de energia, a transformada de Walsh Hadamard é uma das técnicas de transformação que têm sido utilizadas numa variedade de aplicações de processamento de imagem/vídeo. Ao examinar ou classificar os coeficientes ou as distribuições de frequência das transformações lineares da imagem, é possível determinar os bordos da imagem. Um conjunto de medidas de energia que podem ser utilizadas para descrever as qualidades de textura local de uma região específica numa imagem pode ser calculado utilizando os núcleos das transformações de imagem utilizadas para a extração de arestas. Como resultado, os núcleos podem extrair a propriedade de textura local. A WHT é uma das transformadas lineares de imagens mais atractivas devido à sua simplicidade de implementação. Além disso, as suas propriedades são comparáveis às de outras transformadas. Além disso, como as componentes dos vectores da base são ortogonais e só podem assumir um de dois valores (binários) (-1 ou +1), a WHT é extremamente interessante no processamento de imagens quando aplicada diretamente no domínio da transformada devido à sua elevada eficiência computacional. A WHT é uma transformada ortogonal não sinusoidal, subóptima, que é utilizada numa variedade de tarefas de processamento, incluindo o processamento de voz e de sinais médicos. Mais particularmente, as actividades de processamento, codificação e filtragem de sinais/imagens astronómicas requerem esta transformação. A WHT é conhecida pela sua transição direta e rápida [44]. A WHT é construída a partir da matriz WHT e é apresentada sob a forma de uma matriz (WHTM).

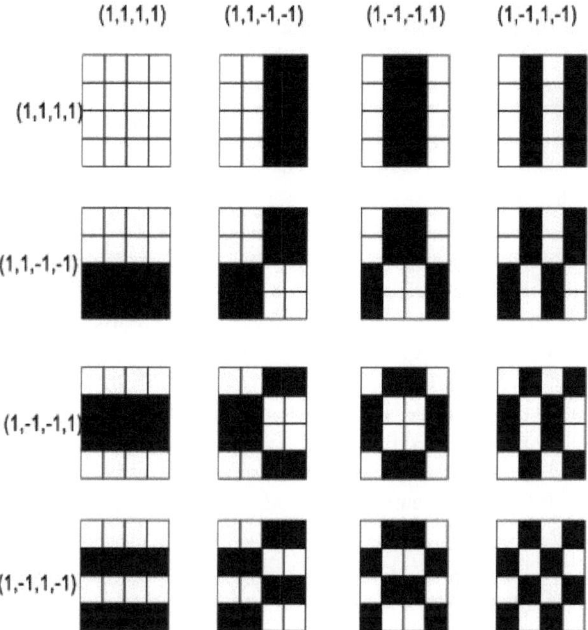

Figura 6.6. Kernel da transformada de Walsh Hadamard[44]

Um conjunto de N linhas, designado por *Wj*, em *que j = 0, 1,..., N- 1,* com as propriedades subsequentes é designado por WHTM.

i)   Os valores +1 e -1 são aplicados a *Wj*.

ii) *Wj* [0] = 1 para todos os j,

iii) *Wj* tem exatamente *j* cruzamentos *nulos*, para *j = 0, 1,..., N-1. Uma* matriz de transformação é tipicamente uma potência de 2 em tamanho. A matriz existe quando *N>2* e (N mod 4) = 0.

A matriz WHT pode ser utilizada para criar a WHT. Uma vez que o tamanho da matriz é frequentemente uma potência de 2, existe para N>2 [44] [69]. Quando N=4 e a ordem é 4, a WHTM é, os núcleos (WHTK) ou as imagens de base são criados tomando o produto das respectivas linhas e colunas utilizando o tensor dos vectores da base 1-D da

$$D = \begin{pmatrix} 1 & 1 & 1 & 1 \\ 1 & 1 & -1 & -1 \\ 1 & -1 & -1 & 1 \\ 1 & -1 & 1 & -1 \end{pmatrix} \qquad 6.11$$

A Figura 6.6 mostra os núcleos WHT para cada vetor de base do WHTM de ordem 4, tornando evidente que os núcleos podem ser representados no espaço vetorial como V={v_1 , V_2 ...,v_{16} }. Para extrair as características como a cor, o rebordo e a textura, é necessário utilizar o componente de cor médio que é projetado nos vectores de base.

As diferentes frequências da imagem também foram consideradas, sendo que as frequências mais altas correspondem à informação dos bordos e as frequências mais baixas correspondem ao brilho da imagem.

O vetor da base de Hadamard de Walsh 1D designa cada linha do WHTM.

$$\text{Tensor product of } (2,2) \quad \begin{matrix} 1 & 1 & -1 & -1 \\ & & & \end{matrix}$$

$$\text{Tensor product of } (2,2) \; \begin{matrix} 1 \\ 1 \\ -1 \\ -1 \end{matrix} \begin{pmatrix} 1 & 1 & -1 & -1 \\ 1 & 1 & -1 & -1 \\ -1 & -1 & 1 & 1 \\ -1 & -1 & 1 & 1 \end{pmatrix}$$

WHTM, como indicado abaixo:

Os vectores da base para a segunda linha e segunda coluna da WHTM foram combinados para criar a matriz acima apresentada[44]. Cada produto tensorial é constituído por uma imagem de base ou um núcleo WHT. Para obter o WHT de um bloco N x N de pixels (em que N deve ser uma potência de 2, $N = 2^n$), o bloco é projetado através dos WHT Kernels. No entanto, estes núcleos podem também ser designados por vectores, que constituem os vectores de base WHT. São denotados no espaço vetorial por $V = \{v_1 > v_2 > ->^v{}_{16}\}$, rotulados da esquerda para a direita do núcleo WHT mostrado na Figura 6.6.

A Figura 6.6 mostra os núcleos WHT para cada vetor de base do WHTM de ordem 4, sendo os núcleos abaixo da demonstração diagonal a transposição dos núcleos acima da diagonal. O vetor da base de WHT será doravante referido como vetor da base[44].

As propriedades do WHT:

Dado um bloco $N \times N$ de pixéis f (x, y), o WHT 2D é definido por:

$$H(u,v) = \sum_{x=0}^{N-1} \sum_{y=0}^{N-1} f(x,y)g(x,y,u,v) \qquad 6.12$$

onde H(u, v) indica os resultados da transformação e g(*, *, u, v) denota os núcleos WHT. Por exemplo, g(*, *, 0, 0) significa o núcleo mais à esquerda na Figura 6.6, que tem uma frequência de sequência zero. De acordo com as aplicações para processamento de imagem/vídeo, a WHT apresenta as seguintes características interessantes[44].

1) O termo de sequência zero serve como uma medida para o brilho típico de um bloco.

$$H(0,0) = \sum_{x=0}^{N-1} \sum_{y=0}^{N-1} f(x,y) \qquad 6.13$$

2) O domínio Walsh Hadamard e o domínio espacial têm uma caraterística de conservação de energia.

Escreve-se assim:

$$\sum_{x=0}^{N-1} \sum_{y=0}^{N-1} |f(x,y)|^2 = \sum_{u=0}^{N-1} \sum_{v=0}^{N-1} |H(u,v)|^2 \qquad 6.14$$

Uma parte significativa da energia de uma imagem é comprimida num pequeno número de coeficientes de transformação devido à caraterística de compactação de energia. Isto sugere que apenas um pequeno número de coeficientes de transformação tem valores que são relativamente importantes.

A potência total de um bloco N X N é conservadora no domínio da transformada, de acordo com a equação 6.13. Assim, as estatísticas dos termos de sequências não nulas (H(1, 0), H(0, 1), e H(1, 1)) podem ser usadas para determinar a informação de borda [44]. Uma vez que a equação 6.14 mede a luminosidade média de um bloco, as estatísticas da componente de sequência zero (H(0, 0)) podem ser utilizadas para determinar a intensidade da cor. Além disso, serve como um critério de classificação útil para texturas e bordas de movimento, uma vez que o domínio espacial e o domínio Hadamard partilham uma propriedade de conservação de energia (entre dois fotogramas). Ao projetar WHTM e WHTK nos fotogramas de vídeo, a abordagem sugerida tira partido da propriedade de compactação de energia para extrair características. A identificação de limites de planos em sequências de vídeo é geralmente muito facilitada pela extração de características. Isto torna necessário selecionar, a partir dos fotogramas de vídeo, elementos úteis que sejam resistentes a elementos enganadores como o zoom, os movimentos da câmara/objeto e os efeitos de iluminação[44]. Neste caso, fornecemos uma técnica para projetar os fotogramas no WHTM e no WHTK para extrair vectores de características constituídos por cor, bordos, textura e forças de movimento. Finalmente, os tipos de transição de planos são determinados utilizando os detectores de transição, calculando a semelhança entre as características recuperadas dos fotogramas como valores de continuidade.

Vamos,

$$F_m = \{f_1^m, f_2^m, f_3^m, f_4^m\} \qquad 6.15$$

onde "m" *representa o número de blocos. Fm é o valor de projeção do bloco obtido como o produto interno de m^{th} bloco B (Bm) e (Vj), em que j= 1,2,3,4 respetivamente. É necessário calcular os atributos de cor, aresta e textura para cada fotograma de um bloco. Isto deve ser feito com a ajuda da seguinte equação, começando pela extração de características de cor,*

$$X = f_1^m = \{B_m, v_1\} \qquad 6.16$$

Os passos seguintes destinam-se a extrair as características dos bordos dos blocos disponíveis de cada um dos fotogramas. É menos propenso a alterações na iluminação, movimentos da câmara e outras operações[50]. Utilizando a equação, a magnitude do vetor de gradiente determinará a força da borda.

$$Y = \sqrt{(f_2^m)^2 + (f_3^m)^2} \qquad 6.17$$

Para simplificar o cálculo, a equação pode ser alterada da seguinte forma:

$$Y \approx (f_2^m)^2 + (f_3^m)^2 \qquad 6.18$$

A soma finita é representada por um vetor na extração de características de textura, que se segue. A projeção em bloco no espaço vetorial 'F' é possível graças à equação 6.19) apresentada a seguir,

$$F = f_1^m v_1 + f_2^m v_2 + f_3^m v_3 = \sum_{i=1}^{3}(B_m, v_j)v_j \qquad 6.19$$

A modelação da caraterística textural pode ser realizada da seguinte forma

$$Z = |B_m^2 - F^2| \qquad 6.20$$

A Figura 6.7 mostra a transformada de Walsh de um dos fotogramas do vídeo de teste. E todos os fotogramas já estão pré-processados e prontos para o procedimento seguinte. Portanto, as características que são retiradas dos quadros do bloco devem ser processadas para a formação de um sinal de continuidade.

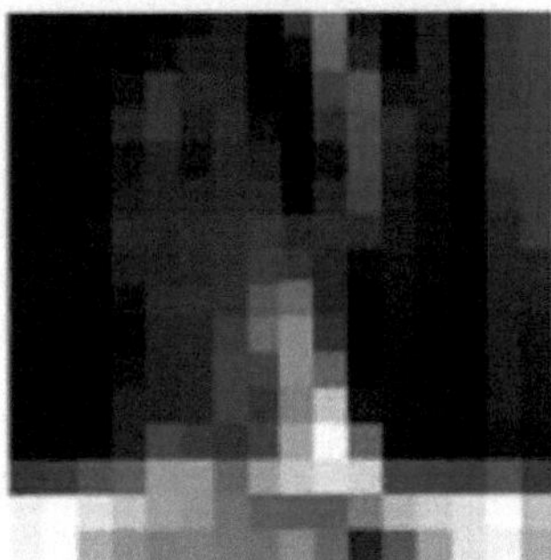

Figura 6.7. Transformada de Walsh do fotograma de entrada

A figura 6.7 mostra a transformada de Walsh de um dos fotogramas do vídeo de teste (dos vídeos obtidos na Internet no âmbito do TRECVID 2016-19). Como discutimos na secção anterior, todos os fotogramas já foram pré-processados e estão prontos para o procedimento seguinte. Por conseguinte, as características extraídas dos fotogramas do bloco devem ser processadas para a formação de um sinal de continuidade. Mas, antes disso, vamos discutir a determinação da compensação de movimento do fotograma e das forças de movimento.

6.3. Cálculo da força de movimento:

O ato de descobrir os vectores de movimento que definem a transição de uma imagem 2D para outra chama-se estimativa de movimento, e é frequentemente feito a partir de fotogramas próximos numa série de vídeos. A ação desenrola-se em três dimensões, mas as imagens são uma projeção da cena 3D num plano 2D, o que torna este problema difícil de resolver. Os vectores de movimento podem estar relacionados com toda a imagem (estimativa global do movimento) ou com determinadas áreas, como blocos quadrados ou rectangulares, manchas de qualquer forma ou mesmo pixels individuais. Um modelo translacional ou qualquer um dos muitos modelos diferentes que podem simular o movimento de uma câmara de vídeo real, incluindo modelos que rodam e transladam nas três dimensões e fazem zoom, podem representar os vectores de movimento.

Seguem-se os passos importantes que reduzem o impacto dos efeitos de movimento na sequência de vídeo. O cálculo da intensidade do movimento pode ser efectuado entre os fotogramas consecutivos com a ajuda dos passos seguintes,

i)   Projetar os fotogramas subsequentes no vetor fundamental v_4,

$$f_4^m = (B_{m,}, v_4) \qquad 6.21$$

Uma vez que a projeção de todo o quadro é feita, então este quadro projetado pode ser denotado ou dado como $O = f_4$.

ii) Aplicar a técnica de correspondência rápida de blocos para calcular o vetor de movimento de O.

iii) Calcular o fotograma compensado pelo movimento com a ajuda do vetor de movimento (CmF).

iv) A força de movimento entre os pórticos é estimada como indicado na equação 6.24, em função dos pórticos ajustados e reais.

onde v indica o valor máximo possível de qualquer pixel nos fotogramas, N é o tamanho do bloco, O_{ij} é o valor $(i, j)^{th}$ do fotograma atual O e $(CmF)_{ij}$ é o valor $(i, j)^{th}$ do fotograma compensado CmF [44].

6 .4. conceção do sinal de continuidade:

Este é o passo importante no processo de deteção do limite de disparo.

Nas secções anteriores, foram extraídas diferentes características que podem ser utilizadas para determinar a semelhança ou a dissemelhança entre segmentos de fotogramas de vídeo. Para obter a função de sinal de continuidade, a caraterística extraída e a métrica de distância serão combinadas[44][73]. A decisão crucial sobre a localização de um limite deve ser tomada nesta fase do método sugerido. As propriedades de cor, borda e textura são utilizadas na medição da distância do quarteirão para construir a função de sinal de continuidade.

$$\mu(k) = Dm(h, h+1)X = \sum_{m=1}^{n} |X_{m,h} - X_{m,h+1}| \qquad 6.22$$

$$\sigma(k) = Dm(h, h+1)Y = \sum_{m=1}^{n} |Y_{m,h} - Y_{m,h+1}| \qquad 6.23$$

$$\delta(k) = Dm(h, h+1)Z = \sum_{m=1}^{n} |Z_{m,h} - Z_{m,h+1}| \qquad 6.24$$

$$\gamma(k) = 10 * log_{10} \left[\frac{v^2}{\frac{1}{N}\sum_{i=1}^{N}\sum_{j=1}^{N}(O_{ij} - CmF_{ij})^2} \right] \qquad 6.25$$

Três características-chave são aqui recuperadas: cor(μ(fc)), borda(σ(fc)), e textura(5(fc)). Os seus valores estão listados acima nas equações (6.22), (6.23), e (6.24). Os fotogramas seguintes podem ser utilizados para determinar a intensidade do movimento, que depende da estrutura do domínio temporal. A equação (6.24) acima descrita deve ser utilizada para construir a medida de similaridade/dissimilaridade. Os valores de continuidade resultantes devem ser normalizados dentro dos intervalos de 0 e 1, e estes valores também servem de entrada para o algoritmo de identificação da fronteira do disparo. Para obter uma única função de continuidade, vários sinais de continuidade (viz, μ, σ, δ, γ)) são fundidos. No entanto, este processo de fusão não ocorrerá imediatamente porque as características podem contribuir de formas diferentes para a representação visual dos fotogramas. Os pesos (ω1, ω2, ω3, ω4) para as características serão então atribuídos de acordo com a equação abaixo.

$$\Omega = \omega_1\mu + \omega_2\sigma + \omega_3\delta + \omega_4\gamma \qquad 6.26$$

Assim, a equação 6.26) dá o efeito combinado das características importantes para ter a função de continuidade. Utilizando a Deep Belief Network, é efectuada uma outra operação de classificação.

Técnicas de aprendizagem profunda para a classificação de fotogramas utilizando Deep Belief Network (DBN)

O modelo DBN toma como entradas para o processo de classificação os vectores de características extraídos e os valores do sinal de continuidade. Como podem aprender informações novas e sintéticas nas camadas, as redes neuronais são uma técnica frequentemente utilizada para a categorização. Na literatura disponível, há muitos classificadores que ajudam a identificar corretamente os tipos de transição[54][55][74]. Um modelo propagativo pode ser aprendido explicitamente utilizando o DBN, que é uma transformação não linear na aprendizagem profunda[75][76] [77] [78].

A discussão que se segue refere-se aos conceitos básicos da aprendizagem profunda e da rede de crenças profundas.

- Rede de crença profunda (DBN): Esta é uma classe de Rede Neuronal Profunda que inclui várias camadas.

Seguem-se algumas das principais etapas envolvidas na implementação ou realização do DBN,

> Utilizando a técnica de Divergência Contrastiva, aprenda uma camada de características dos componentes que são visíveis.

> Considerar as activações de características previamente treinadas como unidades visíveis antes de aprender as suas características de características.

> Quando o treino da última camada oculta é concluído, todo o DBN é treinado.

As redes neuronais artificiais servem de base à aprendizagem profunda, que é um subcampo da aprendizagem automática, e que foi concebida para imitar o cérebro humano em determinados aspectos[75][76]. Não é necessário programar explicitamente nada na aprendizagem profunda. A aprendizagem profunda não é uma ideia totalmente nova. Atualmente, já existe há alguns anos. Atualmente, dispomos de muitos dados e de muito mais capacidade de processamento do que no passado, pelo que se encontra na lista de crescimento. A aprendizagem profunda e a aprendizagem automática surgiram nos últimos 20 anos devido ao crescimento exponencial da capacidade de computação.

Os neurónios constituem a base para uma descrição correcta da aprendizagem profunda[76]. Esta é uma imagem de um único neurónio, que constitui cada um dos cerca de

100 mil milhões de neurónios no cérebro humano. Cada neurónio está ligado aos seus vizinhos por milhares de neurónios[77].

A questão fundamental seria a de saber como simular estes neurónios num computador; por conseguinte, constrói-se uma rede neural artificial, também conhecida por rede baseada em nós, que tem neurónios ou nós. Pode haver um certo número de neurónios ligados na camada oculta entre os que indicam os valores de entrada e de saída[78].

7.1. Estrutura da rede de crença profunda (DBN) e da máquina de Boltzmann restrita (RBM):

Uma Deep Belief Network é um modelo gráfico generativo [69]. O núcleo do sistema (ou seja, a DBN) é composto por uma máquina de Boltzmann restrita (RBM) [79]-[82], uma rede neural artificial estocástica generativa que pode gerar uma distribuição de probabilidades no seu conjunto de entradas. As RBM foram inventadas por Paul Smolensky em 1986, com o título Harmonium, e depois de Geoffrey Hinton e outros terem criado algoritmos de aprendizagem rápida para elas há algumas décadas, tornaram-se também muito populares.

Muitas aplicações beneficiaram da utilização de RBMs, incluindo a redução da dimensionalidade, a categorização, a filtragem colaborativa, a aprendizagem a partir de características, a modelação de tópicos e até mesmo a física quântica de muitos corpos. Dependendo da tarefa, podem obter uma aprendizagem supervisionada ou não supervisionada. As RBM, tal como o seu nome indica, são um subconjunto das máquinas de Boltzmann que estão limitadas pela necessidade de os seus neurónios formarem uma estrutura semelhante a um gráfico bipartido. Além disso, só pode haver ligações simétricas entre pares de nós de cada um dos dois grupos de unidades (normalmente conhecidos como "visíveis" e "ocultos", respetivamente), e não há ligações entre nós dentro de um grupo[83]. Em contrapartida, as máquinas de Boltzmann "sem restrições" podem estabelecer ligações entre componentes ocultos. Este facto permite a abordagem da divergência contrastiva baseada em gradientes e outros algoritmos de formação mais eficazes do que os disponíveis para a classe geral de máquinas de Boltzmann.

As redes de aprendizagem profunda podem também utilizar máquinas de Boltzmann restritas. As redes de crenças profundas podem ser criadas através do "empilhamento" de RBM, podendo a rede profunda resultante ser ajustada opcionalmente através da descida do gradiente e da retropropagação. A DBN combina redes neuronais, aprendizagem automática, estatística e probabilidade[84]. A estrutura da DBN é composta por algumas camadas que contêm os vários valores. De acordo com a história das redes neuronais, as percepções foram utilizadas na primeira geração. No entanto, as percepções só eram eficazes a níveis fundamentais e não para a tecnologia de ponta. Seguindo em frente, a ideia de retropropagação foi utilizada na segunda geração. Ao comparar a saída recebida e a saída necessária, a retropropagação ajuda a determinar o valor do erro. Em seguida, os problemas de inferência e aprendizagem foram resolvidos com o desenvolvimento do DBN. O DBN é composto por RBMs, em que cada camada da rede suboculta serve como camada da rede subvisível seguinte. Com as condições adequadas, as camadas ocultas geradas são independentes. Para obter sinais de entrada diretamente de um pixel da imagem, as características das camadas são treinadas. A rede de crenças profundas tem continuamente mais camadas de características adicionadas. Os vectores de características obtidos e o valor da função de continuidade são introduzidos no modelo DBN para classificar os fotogramas. Para o efeito, são utilizadas redes neurais, uma vez que têm uma vantagem na aprendizagem de características novas e sintéticas. A eficiência de treino do modelo é melhorada pelo RBM e as características de alto nível podem ser recuperadas com êxito a partir do conjunto de treino. Quando surgem problemas de sobreajuste, é também utilizada a retropropagação. Para determinar a distribuição combinada das camadas visíveis e ocultas, é aplicada a função de energia ENR(v,h).

$$P(v,h) = \frac{e^{-(ENR(v,h))}}{\sum_{v,h} e^{-(ENR(v,h))}} \qquad 7.1$$

A função de energia pode ser escrita da seguinte forma[69],

$$ENR(v,h) = -\sum_{i=1} a_i v_i - \sum_{j=1} b_j h_j - \sum_{i,j} v_i h_j w_{ij} \qquad 7.2$$

Em que, w_{ij} = pesos entre as camadas oculta e visível a_i = coeficiente da camada visível b_j = coeficiente da camada oculta

A diferença entre o resultado obtido a partir da DBN e o resultado pretendido deve agora ser examinada para determinar se é ou não útil para processamento posterior. Na mesma abordagem, o erro quadrático médio deve ser utilizado para construir a função de custo (MSE).

A definição da função de custo "CF" é,

$$CF = \frac{1}{M} \sum_{j=1}^{N} \sum_{i=1}^{N} (AO_j(i) - DO_j(i))^2 \qquad 7.3$$

Onde, N= Camadas de saída

M= Camadas de dados

AOj(i)= o/p efectiva recebida na j-ésima unidade no tempo (i)

DOj(i)= o/p desejada recebida na j-ésima unidade no tempo (i)

Até que o critério de paragem seja cumprido, o mesmo processo deve ser repetido. Deve haver um problema com a atualização dos pesos e com os erros que ocorrem em tempo de execução. O Social Ski Driver Optimization Algorithm (SSDOA) é utilizado para considerar este problema e sugerir uma solução. O SSDOA ajuda na otimização dos pesos e também reduz o erro de aprendizagem[69].

As estruturas do RBM e do DBN são apresentadas nas figuras 7.1 e 7.2, respetivamente.

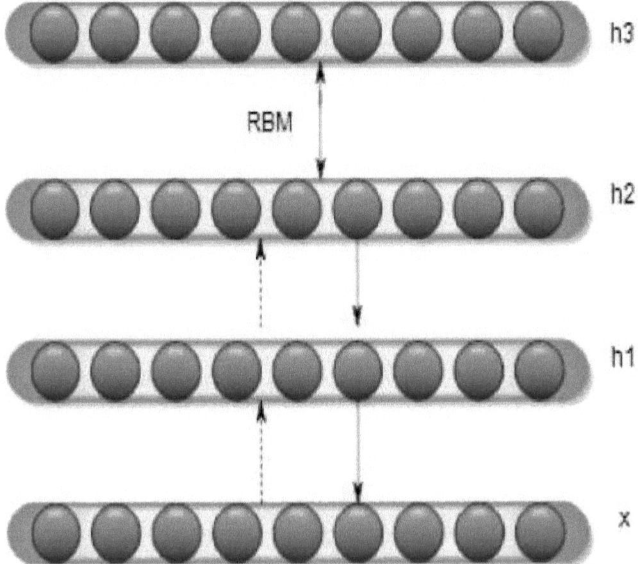

Figura 7.1. Estrutura do RBM

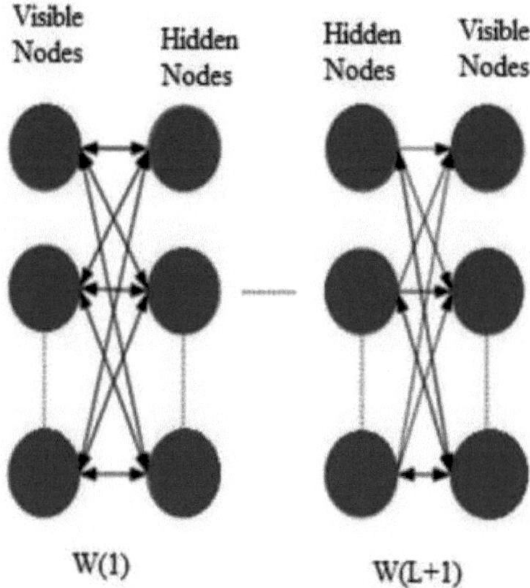

Figura 7.2. Estrutura da Rede de Crenças Profunda

7.2. Atualização de pesos com o Algoritmo de Otimização do Condutor de Ski Social (SSDOA):

Na literatura disponível, foram utilizadas diferentes técnicas de classificação, juntamente com as suas vantagens e limitações, havendo várias aplicações que utilizam o método de aprendizagem SVM. No entanto, o desempenho de classificação do SVM é significativamente afetado pelas definições dos parâmetros.

Devido à dificuldade significativa que os conjuntos de dados desequilibrados apresentam em muitos cenários de aprendizagem supervisionada, a abordagem sugerida nesta investigação utilizando SSDOA foi criada para ser adequada a dados desequilibrados.

Sugerimos o emprego do SSDOA, através deste, os valores dos pesos obtidos da DBN podem ser atualizados[85]. As acções do SSD foram influenciadas por uma variedade de algoritmos de melhoramento evolutivo. Os seus nomes homenageiam o modo como a sua exploração estocástica imita as rotas de descida seguidas pelos condutores de esqui, muitas das configurações do SSD; uma breve explicação de cada parâmetro é fornecida a seguir.

O Social Ski Driver (SSD) inclui uma variedade de critérios[83][86][87], incluindo: a) Posições dos agentes: A função objetivo em cada posição é determinada utilizando as posições dos agentes.

Melhores posições anteriores: A função de aptidão é utilizada para determinar o valor de aptidão de cada agente. A melhor posição é então mantida quando o valor de aptidão de cada agente é comparado com a sua posição atual. O algoritmo PSO e este parecem ser análogos.

b)   A Solução Média Global: No caso do nosso algoritmo, tal como no Gray Wolf Optimizer (GWO), onde os agentes se movem visando o ponto global, que constitui a média das três melhores soluções são as seguintes

$$M_i = (X_\alpha + X_\beta + X_\gamma)/3 \qquad 7.4$$

em que, X_a, $X\beta$, X_γ são três melhores soluções.

c)   A velocidade dos agentes: As posições dos agentes são actualizadas através da adição da velocidade vᵢ.

As posições dos agentes devem ser determinadas para calcular as funções objetivo. A aptidão de cada agente deve ser calculada para a localização atual para determinar a aptidão de todos os agentes utilizando a função de aptidão. Como resultado, a melhor posição pode ser armazenada após a comparação. Para as três melhores soluções, deve ser calculada a média. A adição da velocidade permite a atualização das posições[69].

O valor da posição pode ser calculado como atualizado adicionando uma velocidade V(t) a Pi no tempo(t), digamos no tempo(t+1), como se mostra a seguir,

$$P_i^{t+1} = P_i^t + V_i^t \qquad\qquad 7.5$$

Neste caso, as componentes da velocidade podem ser escritas como[69],

$$V_i^{t+1} = \begin{cases} c\sin(r_1)\,(B_i^t - P_i^t) + \sin(r_1)\,(M_i^t - P_i^t) & if\ r_2 \leq 0.5 \\ c\cos(r_1)\,(B_i^t - P_i^t) + \cos(r_1)\,(M_i^t - P_i^t) & if\ r_2 > 0.5 \end{cases} \qquad 7.6$$

Onde, Bi = melhor posição anterior

Pi=posição do agente

Mi=solução global média da população completa

r1, r2 = números produzidos aleatoriamente no intervalo [0, 1].

c= parâmetro de equilíbrio da exploração e da prospeção

O SSD procura as soluções óptimas ou quase óptimas. Os utilizadores escolhem o número de agentes e as suas posições são inicializadas aleatoriamente. Ao adicionar componentes de velocidade às posições antigas, a posição do agente pode ser actualizada. A distância entre a posição atual e a melhor posição anterior é utilizada para calcular a velocidade actualizada dos agentes, bem como a distância Mi entre a posição atual e a solução global média. Assim, são obtidas as soluções óptimas. O SSDOA optimiza os pesos do DBN e reduz o erro de aprendizagem.

Assim, o processo SBD funciona da seguinte forma: inicialmente deve ser feita a remoção do ruído dos frames utilizando os filtros FAPG que também realçam os frames. Posteriormente, o cálculo do histograma e a medição da sua diferença são avaliados. O híbrido de DTCWT-WHT extrai as características como cor, borda, textura e força de movimento dos fotogramas. Em seguida, o sinal de continuidade é gerado e transmitido ao classificador (baseado na rede de crenças Deep). Este calcula o coeficiente ponderado e classifica o corte e a transição gradual do vídeo. Para melhorar os pesos e reduzir o erro de aprendizagem, é utilizado o algoritmo de otimização do condutor de esqui social (SSDOA).

Descrição do TRECVID e de outros conjuntos de dados de vídeo de fonte aberta É necessário um conjunto de dados comum e autêntico para uma comparação e validação exactas de abordagens distintas. Várias organizações públicas e comerciais disponibilizaram conjuntos de dados para esta investigação. Foi utilizada a maioria das estratégias e os seus resultados foram verificados por comparação com os melhores resultados dos conjuntos de dados TRECVID[52][88][89], [90]. Os conjuntos de dados estão disponíveis de 2001 a 2020 e são fornecidos pelo NIST. O NIST é o principal patrocinador da série de conferências TREC, com a ajuda de outras organizações governamentais dos EUA. Ao oferecer uma grande coleção de testes, métodos de pontuação consistentes e uma plataforma para empresas interessadas em avaliar os seus resultados, a série de conferências visa promover a investigação em recuperação de informação. A série TREC apoiou, em 2001 e 2002, uma "pista" de vídeo para a investigação em segmentação automática, indexação e recuperação baseada em conteúdos[91] de vídeo digital. Esta pista foi convertida numa avaliação independente (TRECVID) em 2003, tendo sido realizado um workshop imediatamente antes da TREC[52][92].

Experimentámos o algoritmo proposto em vários vídeos dos conjuntos de dados TRECVID 2007, 2016, 2017, 2018 e 2019. O conjunto de dados está disponível em http://trecvid.nist.gov/. Além disso, incluímos uma série de vídeos de fonte aberta que recolhemos no YouTube. Como resultado, temos uma coleção de vários vídeos de teste que diferem em duração, tamanho, resolução e taxa de fotogramas. O principal objetivo do TRECVID é melhorar a análise e a recuperação baseadas em conteúdos de vídeo digital através de uma avaliação aberta e baseada em métricas. Estes ficheiros contêm vídeos em formato MPEG que foram segmentados manualmente, procurando os limites dos planos[4].

Os diferentes fotogramas do conjunto de dados TRECVID 2007 são apresentados na Figura 8.1. Comparamos os resultados do nosso método com os de outras técnicas indicadas na literatura que foram testadas no conjunto de dados de vídeo TRECVID 2007 e TRECVID 2016-2019. Além disso, testámo-lo em vários vídeos de fonte aberta. A comparação de tais estratégias em relação às métricas de desempenho é apresentada nas Tabelas 9.13 e 9.14 das secções seguintes.

Figura 8.1. Vários fotogramas do conjunto de dados TRECVID 2007

8.1. Ferramentas experimentais e métricas de desempenho:

O sistema proposto é implementado no MATLAB 2018a. Para avaliar e conceber os sistemas e as tecnologias que estão a remodelar o nosso mundo, milhões de engenheiros e cientistas utilizam o MATLAB® a uma escala global.

A forma mais natural de expressar a matemática computacional é utilizando a linguagem MATLAB baseada em matrizes. A visualização e interpretação de dados são simplificadas com recursos visuais incorporados. A experimentação, exploração e descoberta são encorajadas no ambiente de trabalho do MATLAB. Todas estas características e ferramentas do MATLAB foram submetidas a testes rigorosos e foram concebidas para trabalhar em conjunto.

O MATLAB permite desenvolver conceitos para além do ambiente de trabalho. Podem ser utilizados conjuntos de dados maiores para análise e é possível expandir para clusters e nuvens. Pode também utilizar código que pode ser combinado com outras linguagens para implementar algoritmos e aplicações em sistemas online, empresariais e de produção. O MATLAB 2018a tem alguns requisitos importantes, como se segue,

• O requisito mínimo para usar o MATLAB 2018a é o processador Intel or AMD x86-64. Recomenda-se o processador mencionado com quatro núcleos lógicos e suporte para o conjunto de instruções AVX2.

• O tamanho do disco rígido é de cerca de 13 GB e também é necessária a memória para a instalação típica.

• Recomenda-se a utilização de SSD para obter um desempenho rápido.

• É necessária uma memória RAM de pelo menos 4 GB, sendo a recomendação de 8 GB.

As especificações do dispositivo são apresentadas em seguida,

Processador: CPU Intel(R) Core (TM) i3-5005U a 2,00GHz

2,00 GHz

RAM instalada: 12,0 GB

Tipo de sistema: Sistema operativo de 64 bits, processador baseado em x64

Especificações do Windows:

Edição: Windows 10 Pro

Versão: 21H2

Compilação do SO: 19044.2251

A Figura 8.2 apresenta o GUI do MATLAB que mostra o resultado obtido para a diferença de histograma, filtrado e transformado Walsh do quadro de entrada.

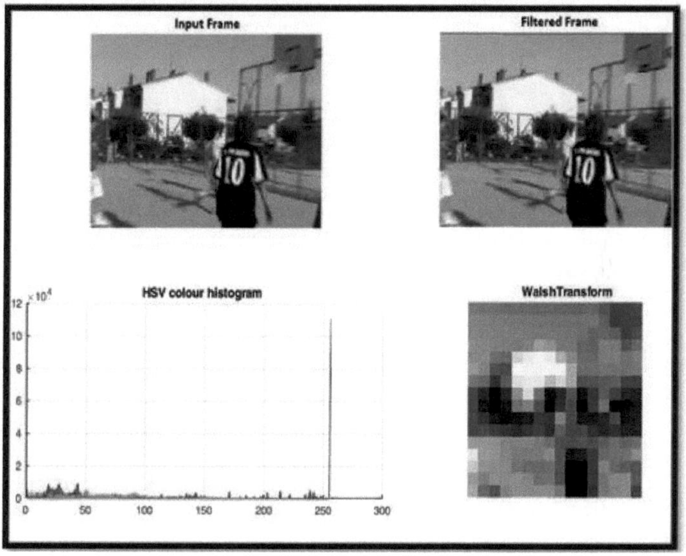

Figura 8.2. GUI de resultados em MATLAB

CAPÍTULO 9

**Análise e discussão dos resultados da deteção de TA e GT utilizando o
cálculo do histograma HSV
e a fusão de DTCWT-WHT com
DBN-SSDOA**

Esta secção inclui uma análise exaustiva dos resultados do algoritmo desenvolvido. O algoritmo sugerido é utilizado em vários vídeos do conjunto de dados TRECVID. Existem vários vídeos dos conjuntos de dados TRECVID, incluindo os dos anos 2007, 2016, 2017, 2018 e 2019. Além disso, existem também alguns vídeos de fonte aberta recolhidos que estão disponíveis para a realização de experiências.

Os resultados experimentais do sistema proposto são comparados com as técnicas SBD existentes. Os resultados são analisados com os conjuntos de dados TRECVID, e a eficiência do sistema proposto é avaliada a partir dos valores das métricas de desempenho. Mesmo com iluminações presentes, o método proposto identificou eficazmente alterações abruptas e graduais. Neste caso, são utilizadas métricas de desempenho como a precisão, a taxa de recuperação e a pontuação F1, que decidem a eficácia e a fiabilidade de um algoritmo [93-97].

$$Recall = \frac{T}{(T+M)} \qquad 9.1$$

$$Precision = \frac{T}{T+F} \qquad 9.2$$

$$F1\ Score = \frac{2*Precision*Recall}{(Precision+Recall)} \qquad 9.3$$

Em que, T = identificações verdadeiras
M = identificações falhadas
F = Falsas identificações

Um indicador da relevância de todos os fotogramas identificados é designado por precisão. A recordação descreve os disparos relevantes identificados com exatidão, enquanto a pontuação F1 é a média ponderada de P e R[98].

9.1. Análise dos resultados da deteção de transições abruptas utilizando a computação do histograma HSV e DTCWT-WHT com a abordagem DBN-SSDOA:

Como já foi referido, as transições abruptas têm uma diferença súbita entre os fotogramas na localização dos limites, pelo que foi notada uma diferença considerável para a localizar corretamente. Quase todos os cortes foram detectados a partir do conjunto de dados disponível. Os desempenhos das técnicas existentes, como a Deep Belief Network (DBN), a Recurrent Neural Network (RNN), a Deep Neural Network (DNN) e a Convolutional Neural Network (CNN)[99] são comparados com os resultados do sistema proposto de cálculo da diferença do histograma HSV com DBN-SSDOA para SBD. A precisão, a taxa de recuperação e a pontuação F1 são utilizadas para avaliar a eficácia deste trabalho de investigação. As tabelas 9.1, 9.2 e 9.3 apresentam a medida das métricas de desempenho mencionadas. Também as figuras 9.1, 9.2 e 9.3 apresentam a visualização gráfica das mesmas.

TABELA 9.1. Análise de resultados para a deteção de TA utilizando a diferenciação do histograma HSV com o método DBN-SSDOA (conjunto de dados TRECVID 2007)

S. Não	Nome do vídeo	Precisão	Recall	Pontuação F1

		%	%	%
1	BG_2408	96.10	96.88	96.49
2	BG_9401	93.78	96.27	95.01
3	BG_11362	95.10	95.09	95.09
4	BG_14213	92.80	97.62	95.15
5	BG_34901	97.14	97.52	97.33
6	BG_35050	94.54	96.90	95.71
7	BG_35187	93.25	97.13	95.15
8	BG_36028	91.54	95.88	93.66
9	BG_36182	91.54	94.11	92.81
10	BG_36506	92.12	95.20	93.63
11	BG_36537	92.66	93.66	93.16
12	BG_36628	94.15	92.89	90.69
13	BG_37359	94.54	93.74	92.35
14	BG_37417	95.68	93.7	93.39
15	BG_37822	93.87	90.43	90.56
16	BG_37879	95.23	93.89	91.74

TABELA 9.2. Análise dos resultados da deteção de TA utilizando a diferenciação do histograma HSV com o método DBN-SSDOA

(Conjunto de dados arquivados na Internet TRECVID 2016-19)

S. Não	Vídeo Nome	Precisão %	Recall %	Pontuação F1 %
1	35349	99.15	97.14	98.13
2	35350	98.89	99.54	99.21
3	35351	99.55	99.12	99.33
4	35354	99.15	96.36	97.74
5	35356	99.15	96.12	97.61
6	35378	99.55	99.13	99.34
7	35400	97.15	95.12	96.12
8	35402	98.55	97.13	97.83

TABELA 9.3. Análise dos resultados da deteção de TA utilizando a diferenciação do histograma HSV com o método DBN-SSDOA (conjunto de dados de vídeo de fonte aberta (cortesia: YouTube))

S. Não	Vídeo Nome	Precisão %	Recall %	Pontuação F1 %
1	Cracker	95.23	88.5	91.74
2	MSD	99.13	94.74	96.89
3	DK	97.15	95.12	96.12
4	F1race	98.55	97.13	97.83
5	X-Men	99.15	93.86	96.43

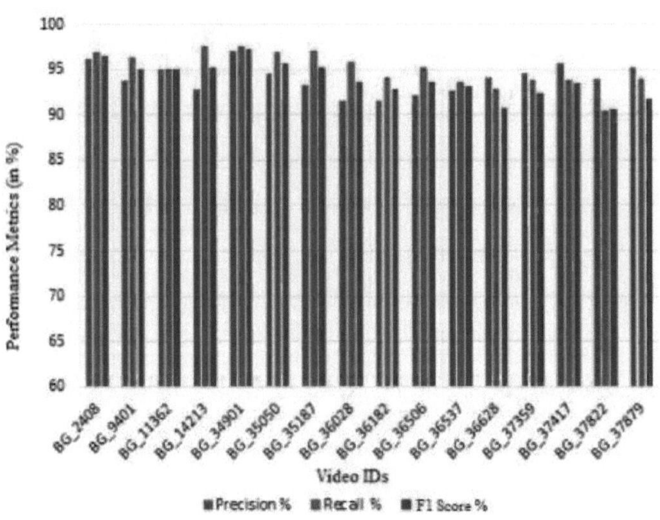

Figura 9.1. Medição do desempenho da deteção de transições abruptas utilizando a diferenciação do histograma HSV com o método DBN-SSDOA
(Conjunto de dados TRECVID 2007)

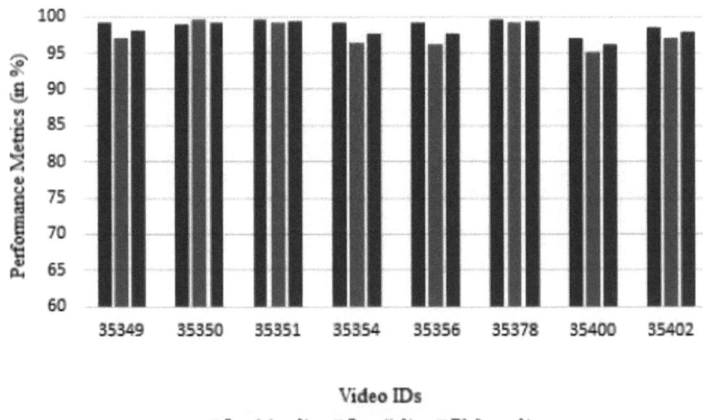

Figura 9.2. Medição do desempenho da deteção de transições abruptas utilizando a diferenciação do histograma HSV com o método DBN-SSDOA
(TRECVID 2016-19 Internet Archived Dataset)

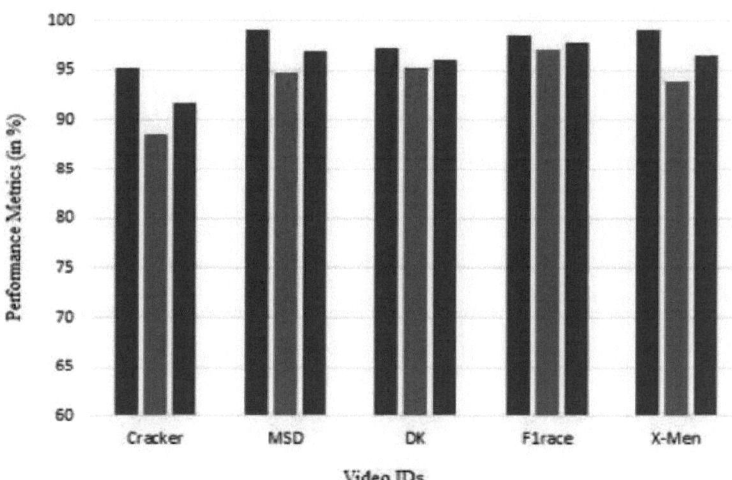

Figura 9.3. Medição do desempenho da deteção de transições abruptas utilizando a diferenciação do histograma HSV com o método DBN-SSDOA (conjunto de dados de vídeo de fonte aberta (cortesia: YouTube))

TABELA 9.4. Precisão da deteção de TA utilizando a diferenciação do histograma HSV com o método DBN-SSDOA

Conjunto de dados	Algoritmo proposto (%)	DBN (%)	RNN (%)	DNN (%)	CNN (%)
TRECVID 2007	94	92.14	90.84	89.89	88.25
TRECVID 2016	94.5	93	91.26	90	88
TRECVID 2017	92.56	90.23	88.25	87.25	86
TRECVID 2018	92	90	89	88	87
TRECVID 2019	91.25	89.01	88.23	87.12	86.13
Dados do utilizador	97	94.25	93.45	92.88	91.44

TABELA 9.5. Taxa de recuperação da deteção de AT utilizando a diferenciação do histograma HSV com o método DBN-SSDOA

Conjunto de dados	Algoritmo proposto (%)	DBN (%)	RNN (%)	DNN (%)	CNN (%)
TRECVID 2007	95.97	89.94	88.84	87.54	86.52
TRECVID 2016	93.5	90.25	89.23	88	87.23
TRECVID 2017	92.36	89	87.25	86.25	84.12
TRECVID 2018	93	88.5	87	86	85
TRECVID 2019	92	88	86.5	85	84
Dados do utilizador	93.87	91.26	90.56	88.43	87.52

TABELA 9.6. Pontuação F1 para a deteção de TA utilizando a diferenciação do histograma HSV com o método DBN-SSDOA

Conjunto de dados	Algoritmo proposto (%)	DBN (%)	RNN (%)	DNN (%)	CNN (%)

TRECVID 2007	94.98	89.94	88.84	87.54	86.52
TRECVID 2016	92.5	90.12	88.23	87.15	87
TRECVID 2017	91.12	89.01	88.01	87.25	86.23
TRECVID 2018	90.23	89	87.25	86.12	86
TRECVID 2019	89.89	88	87	86	85
Dados do utilizador	92.52	91.33	90.52	88.43	87.52

As tabelas 9.4, 9.5 e 9.6 mostram a análise comparativa das métricas de desempenho com as técnicas mais recentes como DBN, RNN, DNN e CNN. As figuras 9.4, 9.5 e 9.6 mostram a visualização gráfica do mesmo.

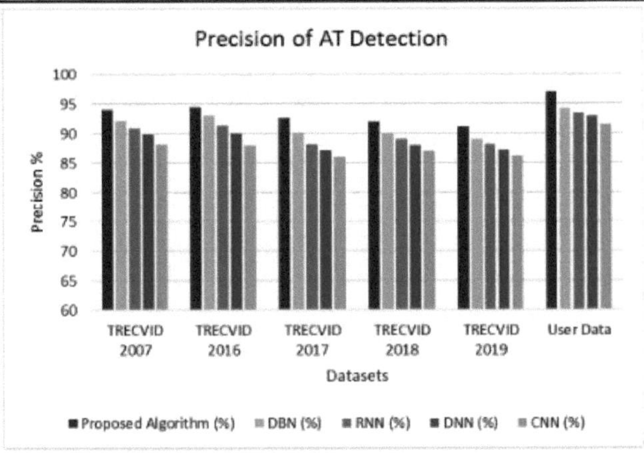

Figura 9.4. Comparação da medida de precisão da deteção de transições abruptas com as técnicas mais recentes em diferentes conjuntos de dados

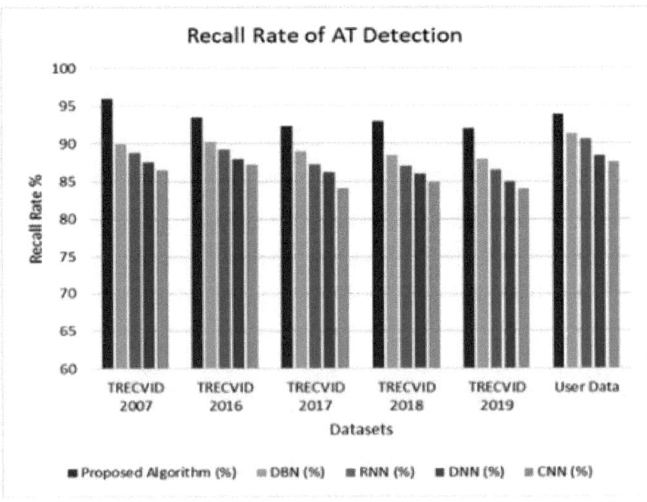

Figura 9.5. Comparação da taxa de recuperação da deteção de transições abruptas com as técnicas mais recentes em diferentes conjuntos de dados

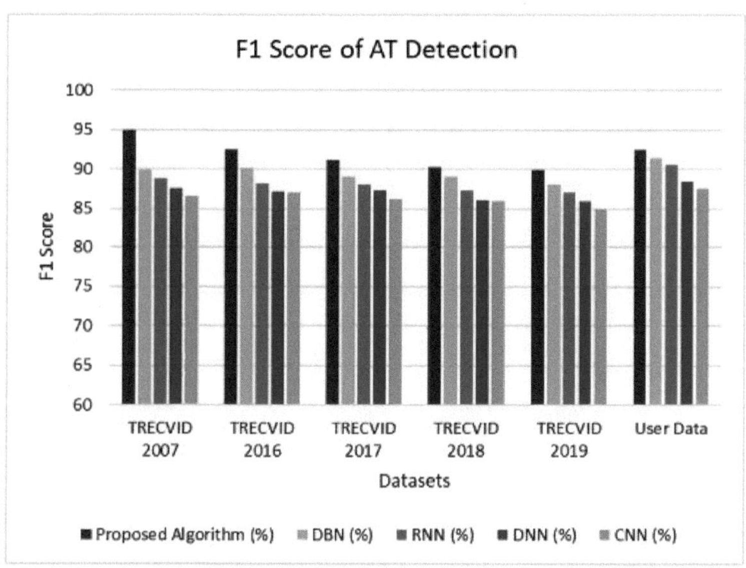

Figure 4. . Comparação da pontuação F1 da deteção de transições abruptas com as técnicas mais recentes em diferentes conjuntos de dados

Nesta análise, a tabela 9.4 apresenta o valor de precisão obtido com a diferenciação do histograma HSV e o DTCWT-WHT com a técnica DBN-SSDOA para os conjuntos de dados TRECVID 2007, 2016, 2017, 2018, 2019 e de fonte aberta, que são 94%, 94,5%, 92,56%, 92%, 91,25% e 97%, respetivamente.

Table 5 5 mostra que a taxa de recuperação obtida a partir da diferenciação do histograma HSV e do DTCWT-WHT com a técnica DBN-SSDOA para os conjuntos de dados TRECVID 2007, 2016, 2017, 2018, 2019 e de fonte aberta é de 95,97%, 93,5%, 92,36%, 93%, 92% e 93,87%, respetivamente.

Table 6 6 mostra que a pontuação F1 para os conjuntos de dados TRECVID 2007, 2016, 2017, 2018, 2019 e de fonte aberta é de 94,98%, 92,5%, 91,12%, 90,23%, 89,89% e 92,52%, respetivamente.

A eficácia da abordagem proposta na identificação de TA a partir da coleção de vídeos do TRECVID e de outros conjuntos de dados de fonte aberta é indicada pelos valores da métrica de desempenho apresentados acima.

Frame 123   Frame 124

a)

Frame 1   Frame 2

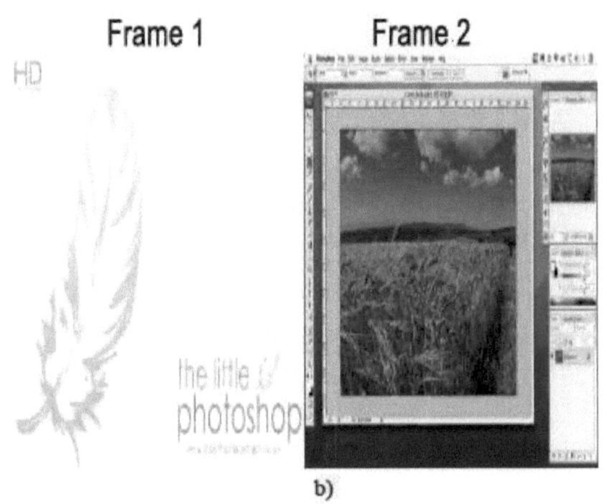

b)

c)

d)

Frame 49   Frame 50

e)

Frame 46   Frame 47

f)

Figura 9.7. Corte detectado utilizando a diferenciação de histograma HSV e DTCWT-WHT com DBN-SSDOA
[a) para Vídeo ID: BG_37822 b) TRECVID 2019, Vídeo ID: 35347, c) TRECVID 2019, Vídeo ID: 35349, d) TRECVID 2019, Vídeo ID: 35350, e) TRECVID 2019, Vídeo ID: 35354, f) TRECVID 2019, Vídeo ID: 35356, g) TRECVID 2019, Vídeo ID: 35378]

A Figura 9.7 mostra as transições abruptas localizadas na realização das experiências numa variedade de conjuntos de dados.

9.2.Deteção de transições graduais usando DTCWT-WHT com abordagem DBN-SSDOA:

A Figura 9.8 mostra a sequência de fotogramas que indica o resultado obtido para a deteção da transição gradual (Fade-in e Fade-out) através da implementação do híbrido de transformada com a abordagem DBN-SSDOA. Comparando-o com outras abordagens modernas, o algoritmo sugerido fornece um elevado nível de precisão. A Tabela 9.7 mostra os valores de precisão obtidos com o DTCWT-WHT com a abordagem DBN-SSDOA na deteção de fade-in, que são 91,25%, 88,79%, 87,33%, 87,90%, 87,13% e 89,25% para os conjuntos de dados TRECVID 2007, 2016, 2017, 2018, 2019 e de fonte aberta, respetivamente.

A Tabela 9.8 representa os valores da taxa de recuperação na deteção de desvanecimento, que são 89,65%, 89,59%, 88,26%, 87,90%, 87,13% e 87,19% para os conjuntos de dados TRECVID 2007, 2016, 2017, 2018, 2019 e de fonte aberta, respetivamente.

Além disso, a tabela 9.9 representa a pontuação F1 como, 90,22%, 88,13%, 87,15%, 86,46%, 85,46% e 88,21% para TRECVID 2007, 2016, 2017, 2018, 2019 e conjuntos de dados de fonte aberta, respetivamente[69].

Quadro 154 Quadro 155 Quadro 156 Quadro 157 Quadro 158

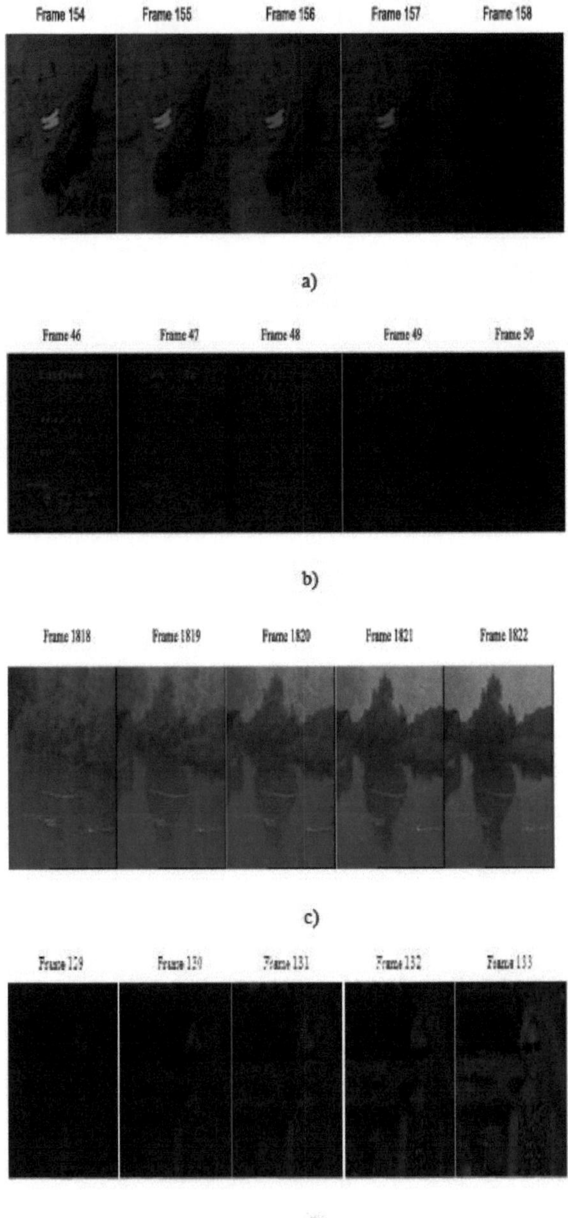

Figura 9.8. Transição gradual detectada em diferentes vídeos de teste TRECVID [a) video id 35350, b) 35351, c) 36182, d) internet achieved]

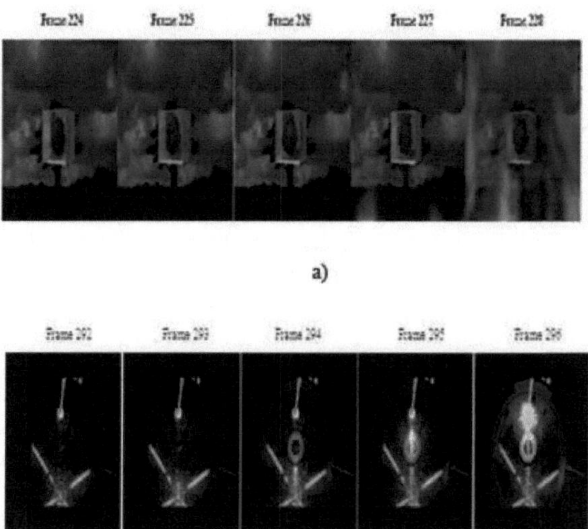

a)

Internet archieved videos from TRECVID dataset

b)

Figura 9.9. Eficaz contra efeitos de iluminação (fogo) [a) frames do vídeo id TRECVID 35050, b) fonte Internet Achieved].

Figura 9.10. Fotogramas que mostram uma transição abrupta precisa detectada na presença de iluminações (Fonte: Vídeos arquivados na Internet)

Tabela 9.7. Precisão da deteção de desvanecimento utilizando WHT-DTCWT com DBN-SSDOA

Conjunto de dados	Algoritmo	DBN	RNN	DNN	CNN

	proposto (%)	(%)	(%)	(%)	(%)
TRECVID 2007	91.25	90.49	89.55	88.84	87.21
TRECVID 2016	88.79	87.13	86.15	84.59	83.15
TRECVID 2017	87.33	85.48	84.26	83.15	81.59
TRECVID 2018	87.9	86.26	84.59	83.15	82.02
TRECVID 2019	87.13	85.9	84.13	82.48	81.59
Dados do utilizador	89.25	88.24	86.43	85.98	84.59

A Figura 9.9 mostra a sequência de fotogramas em que se verifica a robustez do sistema face às iluminações que eliminaram o falso acerto.

Tabela 9.8 Taxa de recuperação para deteção de desvanecimento utilizando WHT-DTCWT com DBN-SSDOA

Conjunto de dados	Algoritmo proposto (%)	DBN (%)	RNN (%)	DNN (%)	CNN (%)
TRECVID 2007	89.65	86.21	85.46	84.22	82.45
TRECVID 2016	89.59	87.25	86.15	85.16	84.26
TRECVID 2017	88.26	86.15	84.6	83.46	82.01
TRECVID 2018	87.9	86.26	84.59	83.15	82.02
TRECVID 2019	87.13	85.9	84.13	82.48	81.59
Dados do utilizador	87.14	83.45	84.58	86.25	83.65

Tabela 9.9. Pontuação F1 para deteção de desvanecimento utilizando WHT-DTCWT com DBN-SSDOA

Conjunto de dados	Algoritmo proposto (%)	DBN (%)	RNN (%)	DNN (%)	CNN (%)
TRECVID 2007	90.22	84.35	85.01	83.48	81.58
TRECVID 2016	88.13	86.49	84.58	82.16	80.15
TRECVID 2017	87.15	84.59	83.48	80.15	78.26
TRECVID 2018	86.46	84.79	81.26	80.9	79.58
TRECVID 2019	85.46	83.26	81.57	80.59	79.59
Dados do utilizador	88.21	84.69	86.38	81.57	84.43

A Figura 9.10 mostra alguns dos fotogramas de vídeos arquivados na Internet para deteção de TA.

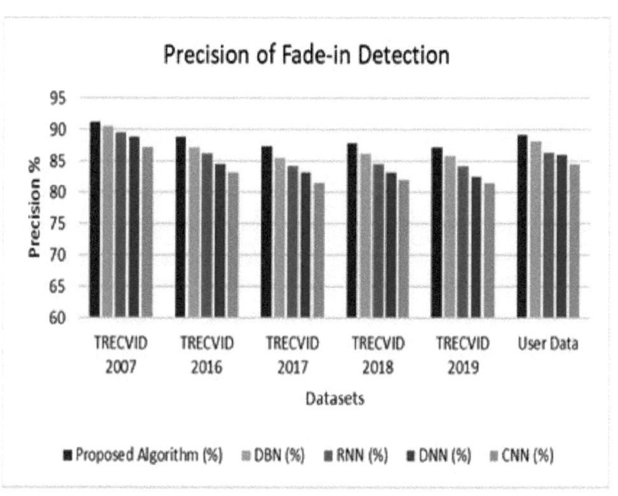

Figura 9.11. Precisão da deteção de desvanecimento utilizando WHT-DTCWT com DBN-SSDOA

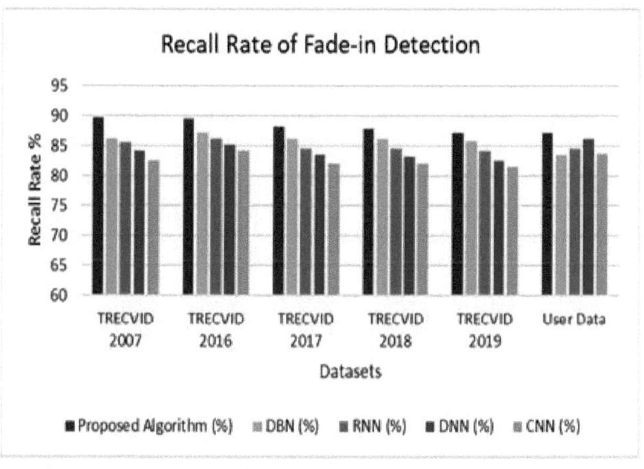

Figura 9.12. Taxa de recuperação para deteção de desvanecimento utilizando WHT-DTCWT com DBN-SSDOA

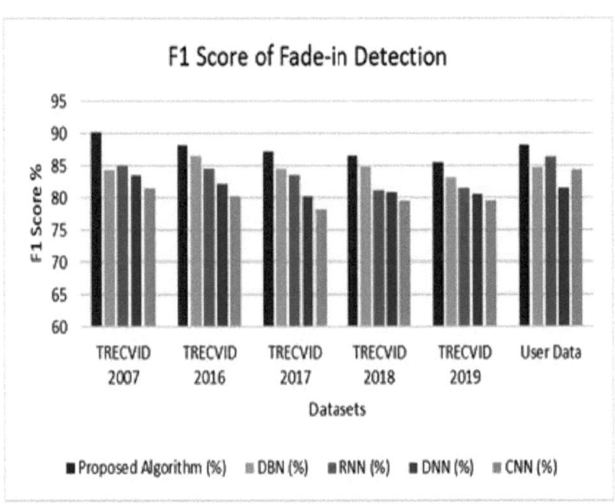

Figura 9.13. Pontuação F1 para deteção de desvanecimento utilizando WHT-DTCWT com DBN-SSDOA

A Tabela 9.7 mostra que os valores de precisão obtidos para o sistema WHT-DTCWT com DBN-SSDOA para a deteção de fade-out são 89,41%, 88,79%, 87,33%, 87,90%, 87,13% e 89,25% para os dados TRECVID 2007, 2016, 2017, 2018, 2019 e do utilizador, respetivamente.

A tabela 9.8 indica as taxas de recuperação do DBN-SSDOA para a deteção de desvanecimento, que são de 88,53%, 89,59%, 88,26%, 87,90%, 87,13% e 87,19% para os dados TRECVID 2007, 2016, 2017, 2018, 2019 e do utilizador, respetivamente.

Além disso, a tabela 9.9 representa a pontuação F1 como, 88,90%, 88,13%, 87,15%, 86,46%, 85,46% e 88,21% para TRECVID 2007, 2016, 2017, 2018, 2019 e dados do utilizador, respetivamente[69].

As figuras 9.11, 9.12 e 9.13 mostram a vista gráfica dos valores da métrica de desempenho obtidos para a deteção de fade-in.

Tabela 9.10. Precisão da deteção de desvanecimento utilizando WHT-DTCWT com DBN-SSDOA

Conjunto de dados	Algoritmo proposto (%)	DBN (%)	RNN (%)	DNN (%)	CNN (%)
TRECVID 2007	89.41	87.65	88.25	87.93	88.63
TRECVID 2016	87.59	84.58	81.26	78.37	77.46
TRECVID 2017	86.59	83.26	81.59	79.59	77.83
TRECVID 2018	86.01	83.13	80.57	79.02	75.26
TRECVID 2019	85.97	82.7	80.26	78.7	76.59
Dados do utilizador	83.36	82.63	78.25	81.65	82.47

De forma semelhante, os valores são apresentados nas Tabelas 9.10, 9.11 e 9.12 para a deteção de Fade- out relativamente aos mesmos vídeos de teste.

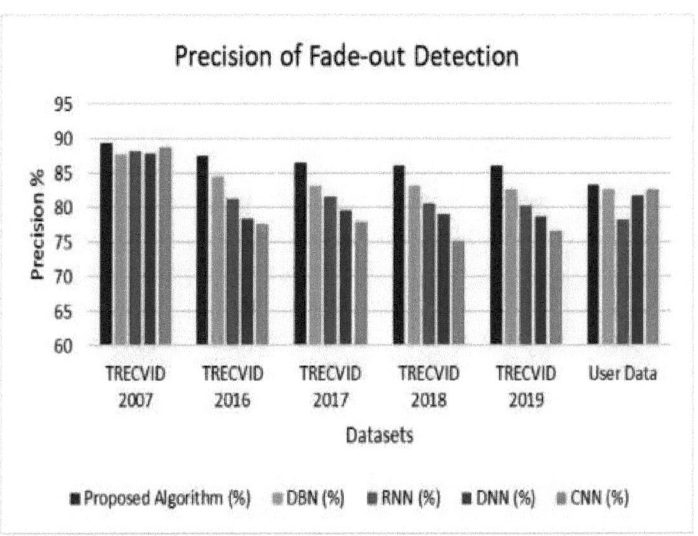

Figura 9.14. Precisão da deteção de desvanecimento utilizando WHT-DTCWT com DBN-SSDOA

Tabela 9.11. Taxa de recuperação para deteção de desvanecimento utilizando WHT-DTCWT com DBN-SSDOA

Conjunto de dados	Algoritmo proposto (%)	DBN (%)	RNN (%)	DNN (%)	CNN (%)
TRECVID 2007	88.53	81.43	79.25	83.99	81.24
TRECVID 2016	88.24	85.26	83.9	81.26	79.26
TRECVID 2017	87.46	85.46	82.7	80.57	78.26
TRECVID 2018	87	84.6	81.26	79.26	78.59
TRECVID 2019	86.15	84.6	82.66	80.6	78.26
Dados do utilizador	89.32	88.54	87.47	88.36	85.98

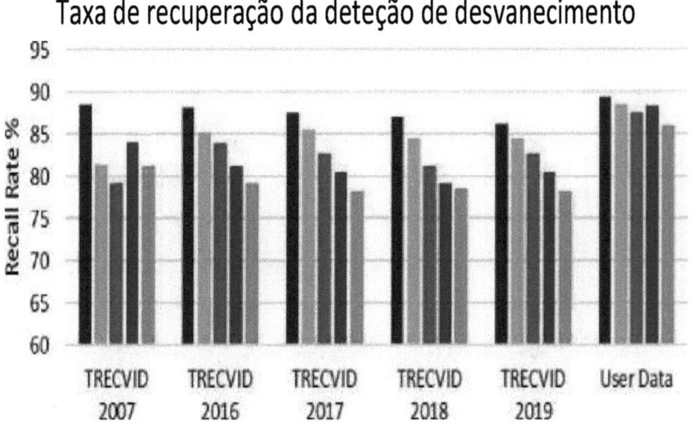

Conjuntos de dados

■ **Algoritmo proposto (%)** ■ **DBN (%)** ■ **RNN (%)** ■ **DNN (%)** ■ **CNN (%)**

Figura 9.15. Taxa de recuperação para deteção de desvanecimento utilizando WHT-DTCWT com

DBN-SSDOA

Tabela 9.12. Pontuação F1 para deteção de desvanecimento utilizando WHT-DTCWT com DBN-SSDOA

Conjunto de dados	**Algoritmo proposto (%)**	**DBN (%)**	**RNN (%)**	**DNN (%)**	**CNN (%)**
TRECVID 2007	88.36	84.14	85.66	86.43	81.22
TRECVID 2016	86.64	83.26	80.46	79.08	76.48
TRECVID 2017	85.99	81.26	79.7	78.26	77.59
TRECVID 2018	84.6	81.57	78.59	77.46	76.25
TRECVID 2019	84	81.59	79.26	78.57	72.58
Dados do utilizador	89.55	87.59	88.25	86.35	84.29

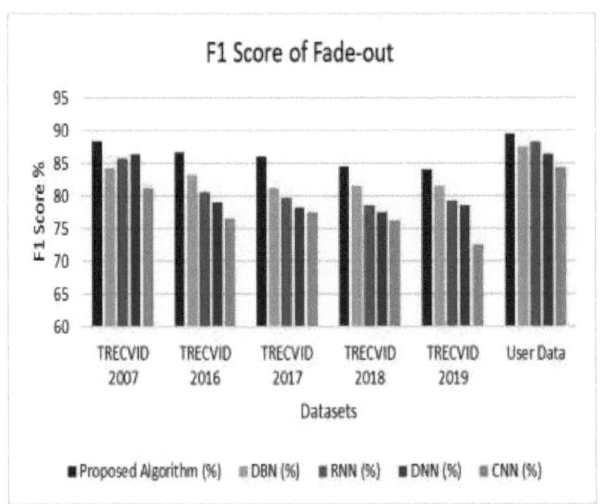

Figura 9.16. Pontuação F1 para deteção de desvanecimento utilizando WHT-DTCWT com DBN-SSDOA

As figuras 9.14, 9.15 e 9.16 mostram a vista gráfica dos valores da métrica de desempenho alcançados para a deteção de fade-out.

Figura 9.17. Deteção de fade-in e fade-out

A Figura 9.17 mostra os fotogramas que contêm efeitos de esbatimento que foram identificados. O sistema proposto localizou corretamente os fotogramas que contêm os efeitos de transição gradual.

As tabelas 9.13 e 9.14 mostram a comparação do desempenho do método proposto para a deteção de transições abruptas e graduais, respetivamente. Comparamos aqui as técnicas anteriores mencionadas na literatura como WHT[44], DTCWT, Percetual Scheme[1], Fuzzy Color Distribution Chart[33], Multi-modal Visual Features[27] e SVD[100] em termos de métricas de desempenho, que foram experimentadas nos conjuntos de dados TRECVID 2007. Aqui também realizámos as experiências no mesmo conjunto de dados utilizando a abordagem DTCWT-WHT com DBN-SSDOA, que teve um desempenho superior no processo SBD. Também adicionámos alguns vídeos de outras fontes para a análise do nosso algoritmo, que têm diferentes resoluções e diferentes taxas de fotogramas.

Tabela 9.13. Comparação das métricas de desempenho do método proposto e de outras técnicas existentes para a deteção de TA

Métodos ↓	Transição abrupta		
	Precisão (%)	Taxa de recuperação (%)	Pontuação F1 (%)
Proposta	94.00	95.97	94.98
DTCWT	73.84	86.53	79.66
WHT[44]	89.0	91.00	90.00
Esquema Percetual[1]	72.10	88.00	79.20
Gráfico difuso de distribuição de cores[33]	82.20	86.10	84.10
Características visuais multimodais[27]	91.10	94.20	92.80
SVD[100]	89.20	95.90	92.80

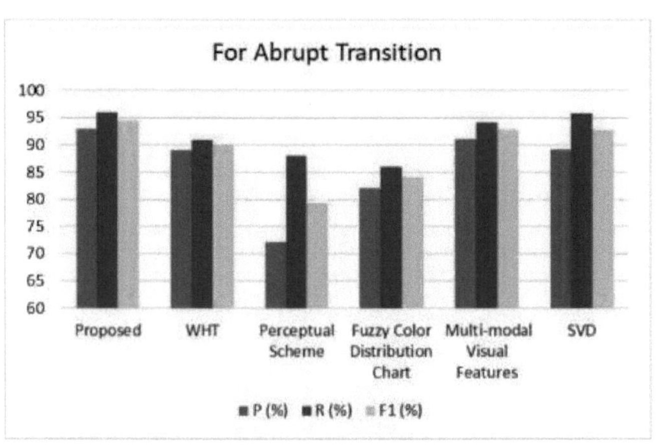

Figura. 9.18. Representação gráfica da comparação das
métricas de desempenho
do método proposto com diferentes técnicas existentes (para
deteção de TA)

Tabela 9.14. Comparação das métricas de desempenho do método proposto e de outras
técnicas existentes para a deteção de GT

Métodos	Transição gradual		
	Precisão (%)	Taxa de recuperaç ão (%)	Pontuação F1 (%)
Proposta	90.33	89.09	89.59
DTCWT	71.45	81.53	76.15
WHT[44]	87.00	85.00	86.00
Esquema Percetual[1]	72.30	63.30	67.50
Gráfico difuso de distribuição de cores[33]	62.40	76.50	68.70
Características visuais multimodais[27]	73.00	75.10	74.00
SVD[100]	68.90	78.90	73.60

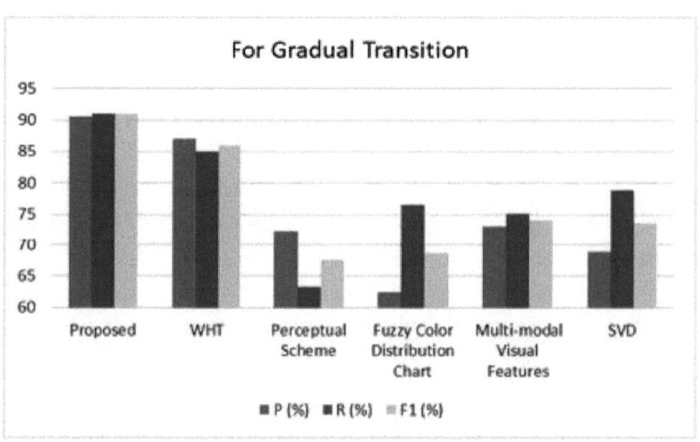

Figura. 9.19. Representação gráfica da comparação das métricas de desempenho do método proposto com diferentes técnicas existentes (para deteção de GT)

As figuras 9.18 e 9.19 mostram a comparação das métricas de desempenho do sistema proposto com diferentes técnicas de deteção de TA e GT, respetivamente.

Vamos analisar o breve resumo deste capítulo, onde implementámos as técnicas separadas de SBD para a deteção de AT e GT. Tal como referido anteriormente, implementámos um algoritmo para a deteção de TA, no qual utilizámos a abordagem simples de diferenciação de pixels utilizando termos estatísticos. Em seguida, formámos o sinal de continuidade utilizando as características extraídas. Ao comparar com o limiar, localizámos o limite abrupto do disparo. Em segundo lugar, concebemos uma técnica de diferenciação de histogramas HSV apenas para a deteção de AT. Mas, uma vez que estas abordagens estão limitadas à deteção de AT, para detetar transições graduais, implementámos outra abordagem de fusão de transformada com DBN-SSDOA para uma deteção precisa de GT. Isto proporciona um excelente desempenho para a deteção de GT, mesmo sob efeitos de iluminação.

CAPÍTULO 10

CONCLUSÃO E ÂMBITO FUTURO

10.1. Conclusão:

O principal objetivo deste trabalho de investigação é fornecer uma técnica para a identificação de um componente crucial, nomeadamente, o limite do plano de vídeo, que actua como um fator importante para aplicações que envolvem a recuperação e indexação de vídeo.

Propusemos e implementámos uma abordagem mais simples de diferenciação de píxeis para detetar apenas a transição abrupta, que é a fase primitiva de aplicações como a indexação de vídeo, a recuperação de vídeo ou a navegação. São alcançados valores de desempenho notáveis para esta abordagem.

No entanto, uma abordagem SBD fiável deve satisfazer os seguintes requisitos

1. Deve detetar com precisão ambos os tipos de transições (abruptas e graduais).
2. Deve ser capaz de dar bons resultados sob os efeitos da iluminação.

Para atingir os critérios acima referidos, implementámos outra abordagem que detecta transições abruptas e graduais. Nesta abordagem, o método de diferenciação do histograma de cores HSV e o híbrido de DTCWT e WHT são efectuados. Mais tarde, utilizámos técnicas de aprendizagem profunda como DBN juntamente com SSDOA para classificar os tipos de transição. Obtivemos resultados notáveis para transições abruptas e graduais (especialmente, fade-in e fade-out).

A tarefa mais difícil é reduzir os falsos acertos que podem ocorrer devido a efeitos de iluminação. Neste caso, a operação de filtragem FAPG reduziu a intensidade do ruído de iluminação com elevado contraste e pode ter restaurado os fotogramas. A eficiência computacional necessária para o melhoramento da imagem é um aspeto crucial deste filtro.

A integração de DBN e SSDOA desempenha um papel importante na redução da taxa de erro de aprendizagem e na otimização dos pesos.

Testámos esta técnica numa variedade de vídeos de conjuntos de dados autênticos como TRECVID 2007, 2016, 2017, 2018 e 2019, com diferentes durações e resoluções [101]. O desempenho do método proposto é avaliado comparando-o com os procedimentos mais avançados. Como resultado, a abordagem aqui proposta apresenta um desempenho superior em termos de exatidão, taxa de recuperação e pontuação F1.

10.2. Âmbito futuro:

Está a ser realizado um vasto estudo no domínio da deteção de limites de planos no processamento de vídeo. Há muitos anos que os investigadores têm vindo a apresentar avanços na identificação exacta de transições através da resolução de dificuldades. Tendo em conta o vasto âmbito do campo de investigação, existe uma enorme margem de manobra para lidar com os desafios da deteção precisa dos limites dos planos.

No futuro, gostaríamos de alargar o trabalho de investigação à deteção precisa de transições de dissolução e limpeza e tentaremos fornecer a solução adequada para desafios como o movimento da câmara/objeto.

Referências

[1] S. Zhou, X. Wu, Y. Qi, S. Luo e X. Xie, "Deteção de limite de filmagem de vídeo com base na colaboração de recursos de vários níveis", *Signal, Image Video Process,* vol. 15, no. 3, pp. 627-635, 2021, doi: 10.1007/s11760-020-01785- 2.

[2] Z. N. Idan, S. H. Abdulhussain, B. M. Mahmmod, K. A. Al-Utaibi, S. A. R. Al-Hadad, e S. M. Sait, "Fast Shot Boundary Detection Based on Separable Moments and Support Vetor Machine," *IEEE Access,* vol. 9, pp. 106412-106427, 2021, doi: 10.1109/ACCESS.2021.3100139.

[3] B. S. Rashmi e H. S. Nagendraswamy, "Video shot boundary detection using block based cumulative approach", *Multimed. Tools Appl.,* vol. 80, no. 1, pp. 641-664, 2021, doi: 10.1007/s11042-020-09697-6.

[4] R. Mishra, "Video shot boundary detection using hybrid dual tree complex wavelet transform with Walsh Hadamard transform," *Multimed. Tools Appl.,* vol. 80, no. 18, pp. 28109-28135, 2021, doi: 10.1007/s11042- 021-11052-2.

[5] S. Chakraborty e D. M. Thounaojam, "SBD-Duo: uma técnica de deteção de limites de disparo de duplo estágio robusta ao movimento e ao efeito de iluminação", *Multimed. Tools Appl.,* vol. 80, no. 2, pp. 3071-3087, 2021, doi: 10.1007/s11042-020-09683-y.

[6] H. M. Nandini, H. K. Chethan, e B. S. Rashmi, "Shot based keyframe extraction using edge-LBP approach," *J. King Saud Univ. - Comput. Inf. Sci.,* vol. 34, no. 7, pp. 4537-4545, 2022, doi: 10.1016/j.jksuci.2020.10.031.

[7] A. Sasithradevi e S. Mohamed Mansoor Roomi, "A new pyramidal opponent color-shape model based video shot boundary detection," *J. Vis. Commun. Image Represent.,* vol. 67, p. 102754, 2020, doi: 10.1016/j.jvcir.2020.102754.

[8] F. F. Duan e F. Meng, "Video Shot Boundary Detection Based on Feature Fusion and Clustering Technique," *IEEE Access,* vol. 8, pp. 214633-
214645, 2020, doi: 10.1109/ACCESS.2020.3040861.

[9] A. Singh, D. Meitei e T. Saptarshi, "Um novo algoritmo de deteção automática de limites de disparo: robusto ao efeito de iluminação e movimento", *Signal, Image Video Process,* 2019, doi: 10.1007/s11760-019-01593-3.

[10] S. Chakraborty e D. M. Thounaojam, "Um novo sistema de deteção de limite de tiro usando técnica de otimização híbrida", *Appl. Intell.,* vol. 49, no. 9, pp. 3207-3220, 2019, doi: 10.1007/s10489-019-01444-1.

[11] A. K. Sulaiman e S. A. Mahmood, "Resumo de vídeo baseado na deteção de limites de disparos usando distorção dinâmica do tempo e deslocamento médio", *Proc. 2020 Int. Conf. Comput. Sci. Softw. Eng. CSASE 2020,* pp. 278-283, 2020, doi: 10.1109/CSASE48920.2020.9142116.

[12] S. Karpagavalli, V. Balamurugan e S. R. Kumar, "Um novo algoritmo de deteção de ponto-chave híbrido para deteção de limite de tiro gradual", fevereiro de 2020. doi: 10.1109/ic-ETITE47903.2020.343.

[13] C. C. Oprea, R. O. Preda, I. Pirnog, e R. Al Dobre, "Video Shot Boundary Detection for Low Complexity HEVC Encoders," *Proc. 10th Int. Conf. Electron. Comput. Artif. Intell. ECAI 2018,* pp. 1-4, 2019, doi: 10.1109/ECAI.2018.8678954.

[14] L. Wu, S. Zhang, M. Jian, Z. Lu e D. Wang, "Deteção de limite de tiro em dois estágios por meio de fusão de recursos e redes neurais convolucionais espaço-temporais", *IEEE Access,* vol. 7, pp. 77268-77276, 2019, doi: 10.1109/ACCESS.2019.2922038.

[15] E. Hato e M. E. Abdulmunem, "Algoritmo rápido para a deteção de limites de filmagens de vídeo usando recursos SURF", *SCCS 2019 - 2019 2nd Sci. Conf. Comput. Sci.*, pp. 81-86, 2019, doi: 10.1109/SCCS.2019.8852603.

[16] S. Dhiman, R. Chawla e S. Gupta, "Uma nova estrutura de deteção de limite de filmagem de vídeo empregando DCT e correspondência de padrões", *Multimed. Tools Appl.*, vol. 78, no. 24, pp. 34707-34723, 2019, doi: 10.1007/s11042- 019-08170-3.

[17] N. Su, J. Zhang, Y. Zhang e G. Zhang, "Deteção de limites de disparo em tempo real baseada em agrupamento não supervisionado para transmissão ao vivo", *2019* 118
IEEE 5th Int. Conf. Comput. Commun. ICCC 2019, pp. 135-140, 2019, doi: 10.1109/ICCC47050.2019.9064356.

[18] Y. Gao, Y. Lai e Y. Liu, "Deteção rápida de limites de filmagem de vídeo com base na perceção visual", *2019 IEEE Int. Conf. Consum. Electron. ICCE 2019*, pp. 1-4, 2019, doi: 10.1109/ICCE.2019.8662083.

[19] S. Yang *et al.*, "Novel Shot Boundary Detection in News Streams Based on Fuzzy Petri Nets," *Appl. Artif. Intell.*, vol. 00, no. 00, pp. 1-23, 2019, doi: 10.1080/08839514.2019.1661118.

[20] M. G. De Klerk, "PARAMETER ANALYSIS OF THE JENSEN- SHANNON DIVERGENCE FOR SHOT BOUNDARY DETECTION IN STREAMING MEDIA APPLICATIONS," vol. 109, no. setembro, pp. 171-181, 2018.

[21] J. Mondal, M. K. Kundu, S. Das e M. Chowdhury, "Deteção de limites de filmagem de vídeo usando análise geométrica multiescala de nsct e máquina de vetor de suporte de mínimos quadrados", *Multimed. Tools Appl.*, vol. 77, no. 7, pp. 8139-8161, 2018, doi: 10.1007/s11042-017-4707-9.

[22] C. Bi *et al.*, "Dynamic mode decomposition based video shot detection," *IEEE Access*, vol. 6, pp. 21397-21407, Abr. 2018, doi: 10.1109/ACCESS.2018.2825106.

[23] R. K. Shen, Y. N. Lin, T. T. Y. Juang, V. R. L. Shen e S. Y. Lim, "Deteção automática de limites de filmagens de vídeo nas redes sociais utilizando uma abordagem híbrida de HLFPN e correspondência de pontos-chave", *IEEE Trans. Comput. Soc. Syst.*, vol. 5, no. 1, pp. 210-219, Mar. 2018, doi: 10.1109/TCSS.2017.2780882.

[24] T. Kar e P. Kanungo, "Deteção de cortes desafiadores do movimento e da iluminação com base nas características de Weber", *IET Image Process*, vol. 12, n.º 10, pp. 1903-1912, 2018, doi: 10.1049/iet-ipr.2017.1237.

[25] Z. Youxian e Z. Yuan, "Deteção de limites de disparos abruptos com características combinadas e SVM," *2016 2nd IEEE Int. Conf. Comput. Commun. ICCC 2016- Proc.*, pp. 409-413, 2017, doi: 10.1109/CompComm.2016.7924733.

[26] A. K. Prabavathy e J. D. Shree, "Diferença de histograma com modelagem de base de regras Fuzzy para deteção gradual de limites de tomadas em aplicativos de nuvem de vídeo", *Cluster Comput.*, 2017, doi: 10.1007/s10586-017-1201-0.

[27] M. M. Khan, K. Chamnongthai, e S. Member, "Multi-modal Visual Features Based Video Shot Boundary Detection," vol. 3536, no. c, pp. 1-13, 2017, doi: 10.1109/ACCESS.2017.2717998.

[28] A. Hassanien, M. Elgharib, A. Selim, S.-H. Bae, M. Hefeeda e W. Matusik, "Deteção de limites de disparos em grande escala, rápida e precisa através de redes neurais convolucionais espácio-temporais", 2017, [Online]. Disponível: http://arxiv.org/abs/1705.03281

[29] R. Liang, Q. Zhu, H. Wei e S. Liao, "Uma abordagem de deteção de limites de filmagem de vídeo baseada no recurso CNN", *Proc. - 2017 IEEE Int. Symp. Multimedia, ISM 2017*, vol. 2017-Janua, no. 61300192, pp. 489-494, 2017, doi: 10.1109/ISM.2017.97.

[30] Y. Bendraou, F. Essannouni, D. Aboutajdine, e A. Salam, "Shot boundary detection via adaptive low rank and svd-updating," *Comput. Vis. Image Underst.*, vol. 161, pp. 20-28, 2017, doi: 10.1016/j.cviu.2017.06.003.

[31] S. Park, J. Son e S. J. Kim, "Effect of adaptive thresholding on shot boundary detection performance", *2016 IEEE Int. Conf. Consum. Electron. ICCE-Asia 2016*, pp. 1-2, 2017, doi: 10.1109/ICCE-Asia.2016.7804753.

[32] M. Gygli, "Ridiculously Fast Shot Boundary Detection with Fully Convolutional Neural Networks", *arXiv*, pp. 1-4, 2017.

[33] J. Fan, S. Zhou e M. A. Siddique, "Gráfico de distribuição de cores difusas - deteção de limites de disparos com base", *Multimed. Tools Appl.*, vol. 76, no. 7, pp. 10169-10190, 2017, doi: 10.1007/s11042-016-3604-y.

[34] D. M. Thounaojam, T. Khelchandra, K. M. Singh, e S. Roy, "A Genetic Algorithm and Fuzzy Logic Approach for Video Shot Boundary Detection," vol. 2016, 2016.

[35] J. Xu, L. Song e R. Xie, "Shot Boundary Detection Using Convolutional Neural Networks", pp. 1-4, 2016.

[36] R. Hannane, A. Elboushaki, K. Afdel, P. Naghabhushan e M. Javed, "An efficient method for video shot boundary detection and keyframe extraction using SIFT-point distribution histogram," *Int. J. Multimed. Inf. Retr.*, vol. 5, no. 2, pp. 89-104, Jun. 2016, doi: 10.1007/s13735-016-0095-6.

[37] M. V. Madhusudhan e C. Hegde, "Video shot boundary detection using statistical methods," *2015 IEEE Int. WIE Conf. Electr. Comput. Eng. WIECON-ECE 2015*, pp. 52-56, 2016, doi: 10.1109/WIECON- ECE.2015.7443997.

[38] S. Tippaya, S. Sitjongsataporn, T. Tan, K. Chamnongthai, e M. Khan, "Video shot boundary detection based on candidate segment selection and transition pattern analysis," *Int. Conf. Digit. Signal Process. DSP*, vol. 2015-Septe, pp. 1025-1029, 2015, doi: 10.1109/ICDSP.2015.7252033.

[39] F. Liu e Y. Wan, "Improving the Video Shot Boundary Detection Using the HSV Color Space and Image Subsampling," vol. 30, no. 3, pp. 351354, 2015.

[40] B. H. Shekar e K. P. Uma, "Kirsch Directional Derivatives Based Shot Boundary Detection: Um método eficiente e preciso", *Procedia Comput. Sci.*, vol. 58, pp. 565-571, 2015, doi: 10.1016/j.procs.2015.08.074.

[41] R. Mishra, C. V. Raman, S. K. Singhai e M. Sharma, "Deteção de limites de filmagens de vídeo em tempo real e não real utilizando a transformada wavelet complexa de árvore dupla", *2015 Int. Conf. Ind. Instrum. Control. ICIC 2015*, no. Icic, pp. 1495-1500, 2015, doi:

10.1109/IIC.2015.7150986.

[42] H. Shao, Y. Qu e W. Cui, "Algoritmo de deteção de limites de disparos baseado no histograma HSV e na caraterística HOG", no. Aemt, pp. 951-957, 2015, doi: 10.2991/icaemt-15.2015.181.

[43] G. G. Lakshmi Priya e S. Domnic, "Extração de fotogramas-chave baseada em fotografias para indexação e recuperação de vídeos ecológicos", *Ecol. Inform.*, vol. 23, pp. 107117, 2014, doi: 10.1016/j.ecoinf.2013.09.003.

[44] P. G. G. Lakshmi e S. Domnic, "Vetor de características baseado no kernel da transformada de Walsh-hadamard para deteção de limites de disparos", *IEEE Trans. Image Process*, vol. 23, no. 12, pp. 5187-5197, Dez. 2014, doi: 10.1109/TIP.2014.2362652.

[45] S. S. Thomas, S. Gupta e K. S. Venkatesh, "Uma abordagem de minimização de energia para a deteção automática de limites de cenas e planos de vídeo", *Proc. - 2014 10th Int. Conf. Intell. Inf. Escondendo Multimed. Signal Process. IIH-MSP 2014,* pp. 297-300, 2014, doi: 10.1109/IIH-MSP.2014.80.

[46] W. Yan, H. She e Z. Yuan, "Registro robusto de imagens de sensoriamento remoto com base em SURF e KCCA", *J. Indian Soc. Sensoriamento remoto*, vol. 42, no. 2, pp. 291-299, 2014, doi: 10.1007/s12524-013-0324-x.

[47] M. Birinci e S. Kiranyaz, "A percetual scheme for fully automatic video shot boundary detection," *Signal Process. Image Commun.*, vol. 29, no. 3, pp. 410-423, 2014, doi: 10.1016/j.image.2013.12.003.

[48] V. R. L. Shen, H. Y. Tseng, e C. H. Hsu, "Deteção automática de limites de filmagens de vídeo de fluxo de notícias utilizando uma rede de Petri difusa de alto nível," *Conf. Proc. - IEEE Int. Conf. Syst. Man Cybern.*, vol. 2014-Janua, no. janeiro, pp. 1342-1347, 2014, doi: 10.1109/SMC.2014.6974101.

[49] P. Toharia, O. D. Robles, R. Suárez, J. L. Bosque e L. Pastor, "Deteção de limite de tiro usando momentos Zernike em arquiteturas Multi-GPU Multi-CPU", *J. Parallel Distrib. Comput.*, vol. 72, no. 9, pp. 1127-1133, 2012, doi: 10.1016/j.jpdc.2011.10.011.

[50] G. G. L. Priya e S. Domnic, "Extração de força de borda usando vectores ortogonais para deteção de limites de disparo", *Procedia Technol.*, vol. 6, pp. 247-254, 2012, doi: 10.1016/j.protcy.2012.10.030.

[51] W. Hu, N. Xie, L. Li, X. Zeng e S. Maybank, "A survey on visual content-based video indexing and retrieval", *IEEE Trans. Syst. Man Cybern. Part C Appl. Rev.*, vol. 41, no. 6, pp. 797-819, 2011, doi: 10.1109/TSMCC.2011.2109710.

[52] J. Ren, J. Jiang, e J. Chen, "Shot boundary detection in MPEG videos using local and global indicators," *IEEE Trans. Circuits Syst. Video Technol.*, vol. 19, no. 8, pp. 1234-1238, 2009, doi: 10.1109/TCSVT.2009.2022707.

[53] V. T. Chasanis, A. C. Likas, e N. P. Galatsanos, "Scene detection 122 in videos using shot clustering and sequence alignment," *IEEE Trans. Multimed.*, vol. 11, n.º 1, pp. 89-100, 2009, doi: 10.1109/TMM.2008.2008924.

[54] Y. Meng, L. G. Wang e L. Z. Mao, "Um algoritmo de deteção de limites de disparo baseado no classificador de otimização de enxame de partículas", *Proc. 2009 Int. Conf. Mach. Learn. Cybern.*, vol. 3, no. July, pp. 1671-1676, 2009, doi: 10.1109/ICMLC.2009.5212297.

[55] W. Tan, J. Cao e H. Li, "Algoritmo de deteção de disparos baseado em SVM com função de kernel modificada", *2009 Int. Conf. Artif. Intell. Comput. Intell. AICI 2009*, vol. 1, pp. 11-14, 2009, doi: 10.1109/AICI.2009.243.

[56] Y. Xiao, L. Xia, S. Zhu, D. Huang e J. Xie, "Reconhecimento de limites de filmagens de

vídeo com base em projecções adaptativas que preservam a localidade", *Math. Probl. Eng.*, vol. 2013, 2013, doi: 10.1155/2013/353261.

[57] H. Faraji e W. J. MacLean, "CCD noise removal in digital images," *IEEE Trans. Image Process*, vol. 15, no. 9, pp. 2676-2685, 2006, doi: 10.1109/TIP.2006.877363.

[58] C. Liu, R. Szeliski, S. B. Kang, C. L. Zitnick e W. T. Freeman, "Estimativa automática e remoção de ruído de uma única imagem", *IEEE Trans. Pattern Anal. Mach. Intell.*, vol. 30, no. 2, pp. 299-314, 2008, doi: 10.1109/TPAMI.2007.1176.

[59] Y. M. Huang, M. K. Ng e Y. W. Wen, "Fast image restoration methods for impulse and Gaussian noises removal", *IEEE Signal Process. Lett.*, vol. 16, no. 6, pp. 457-460, 2009, doi: 10.1109/LSP.2009.2016835.

[60] C. Y. Lien, C. C. Huang, P. Y. Chen e Y. F. Lin, "An efficient denoising architecture for removal of impulse noise in images", *IEEE Trans. Comput.*, vol. 62, no. 4, pp. 631-643, 2013, doi: 10.1109/TC.2011.256.

[61] S. M. Yang e S. C. Tai, "A design framework for hybrid approaches of image noise estimation and its application to noise reduction", *J. Vis. Commun. Image Represent.*, vol. 23, no. 5, pp. 812-826, 2012, doi: 10.1016/j.jvcir.2012.04.007.

[62] L. Ji e Z. Yi, "Um método de filtragem de imagens com ruído misto utilizando weighted-linking PCNNs," *Neurocomputing,* vol. 71, no. 13-15, pp. 29863000, 2008, doi: 10.1016/j.neucom.2007.04.015.

[63] "MEDIDAS ALTERNATIVAS DE DISTÂNCIA / SIMILARIDADE PARA FILTROS VECTORIAIS NÃO LINEARES BASEADOS EM ORDENAÇÃO REDUZIDA M . Emre Celebi", n.º 1, pp. 1266-1269, 2010.

[64] B. Smolka, K. Malik, e D. Malik, "Adaptive rank weighted switching filter for impulsive noise removal in color images," *J. Real-Time Image Process*, vol. 10, no. 2, pp. 289-311, 2015, doi: 10.1007/s11554-012- 0307-0.

[65] L. Malinski e B. Smolka, "Filtro de grupo de pares de média rápida para a remoção de ruído impulsivo em imagens a cores", *J. Real-Time Image Process*, vol. 11, no. 3, pp. 427-444, 2016, doi: 10.1007/s11554-015-0500-z.

[66] S. Lian, "Automatic video temporal segmentation based on multiple features," *Soft Comput.*, vol. 15, no. 3, pp. 469-482, 2011, doi: 10.1007/s00500-009-0527-9.

[67] S. Chavate e R. Mishra, "Efficient Detection of Abrupt Transitions Using Statistical Methods," *ECS Trans.*, vol. 107, no. 1, pp. 6541-6552, 2022, doi: 10.1149/10701.6541ecst.

[68] J. Lankinen e J. K. Kämäräinen, "Video shot boundary detection using visual bag-of-words," *VISAPP 2013 - Proc. Int. Conf. Comput. Vis. Theory Appl.*, vol. 1, pp. 788-791, 2013, doi: 10.5220/0004290707880791.

[69] S. Chavate e R. Mishra, "An Efficient Approach for Shot Boundary Detection in Presence of Illumination Effects using Fusion of Transforms," *Int. J. Eng. Trends Technol.*, vol. 70, no. 4, pp. 418-432, 2022, doi: 10.14445/22315381/IJETT-V70I4P236.

[70] X. Y. Wang, J. F. Wu, e H. Y. Yang, "Robust image retrieval based on color histogram of local feature regions," *Multimed. Tools Appl.*, vol. 49, no. 2, pp. 323-345, 2010, doi: 10.1007/s11042-009-0362-0.

[71] C. W. Ngo, T. C. Pong, e R. T. Chin, "Video partitioning by temporal slice coherency," *IEEE Trans. Circuits Syst. Video Technol.*, vol. 11, no. 8, pp. 941-953, 2001, doi: 10.1109/76.937435.

[72] I. W. Selesnick, R. G. Baraniuk, e N. G. Kingsbury, "The DualTree Complex Wavelet Transform ©," no. novembro de 2005, pp. 123-151.

[73] D. Borth, A. Ulges, C. Schulze, e T. M. Breuel, "Keyframe Extraction for Video Tagging and Summarization," *Proc. Inform. 2008*, pp. 45-48, 2008.

[74] H. W. Yoo, H. J. Ryoo, e D. S. Jang, "Gradual shot boundary detection using localized edge blocks," *Multimed. Tools Appl.*, vol. 28, no. 3, pp. 283-300, 2006, doi: 10.1007/s11042-006-7715-8.

[75] F. A. Memon, U. A. Khan, A. Shaikh, A. Alghamdi, P. Kumar e M. Alrizq, "Predicting Actions in Videos and Action-Based Segmentation Using Deep Learning", *IEEE Access*, vol. 9, pp. 106918-106932, 2021, doi: 10.1109/ACCESS.2021.3101175.

[76] S. Minaee, Y. Boykov, F. Porikli, A. Plaza, N. Kehtarnavaz e D. Terzopoulos, "Image Segmentation Using Deep Learning: A Survey", *IEEE Trans. Pattern Anal. Mach. Intell.*, vol. 44, no. 7, pp. 3523-3542, 2022, doi: 10.1109/TPAMI.2021.3059968.

[77] S. Hao, Y. Zhou e Y. Guo, "Uma breve pesquisa sobre segmentação semântica com aprendizagem profunda", *Neurocomputing*, vol. 406, pp. 302-321, 2020, doi: 10.1016/j.neucom.2019.11.118.

[78] R. Salakhutdinov e I. Murray, "On the quantitative analysis of deep belief networks", *Proc. 25th Int. Conf. Mach. Learn*, pp. 872-879, 2008, doi: 10.1145/1390156.1390266.

[79] I. Sohn, "Deep belief network based intrusion detection techniques: A survey", *Expert Syst. Appl.*, vol. 167, p. 114170, 2021, doi: 10.1016/j.eswa.2020.114170.

[80] P. Liu, S. Han, Z. Meng e Y. Tong, "Facial expression recognition via a boosted deep belief network", *Proc. IEEE Comput. Soc. Conf. Comput. Vis. Pattern Recognit.*, pp. 1805-1812, 2014, doi: 10.1109/CVPR.2014.233.

[81] A.-R. Mohamed, G. Dahl, e G. Hinton, "Deep Belief Networks for Phone Recognition," *Scholarpedia*, vol. 4, no. 5, pp. 1-9, 2009, doi: 10.4249/scholarpedia.5947.

[82] A. Mohamed, G. Hinton, e G. Penn, "Abdel-rahman Mohamed , Geoffrey Hinton , e Gerald Penn Department of Computer Science , University of Toronto," pp. 4273-4276, 2012.

[83] N. Le Roux e Y. Bengio, "Representational power of restricted boltzmann machines and deep belief networks", *Neural Comput.*, vol. 20, no. 6, pp. 1631-1649, 2008, doi: 10.1162/neco.2008.04-07-510.

[84] Y. Hua, J. Guo e H. Zhao, "Deep Belief Networks and deep learning", *Proc. 2015 Int. Conf. Intell. Comput. Internet Things, ICIT 2015*, pp. 1-4, 2015, doi: 10.1109/ICAIOT.2015.7111524.

[85] V. Sreenivas, V. Namdeo, e E. V. Kumar, "Group based emotion recognition from video sequence with hybrid optimization based recurrent fuzzy neural network," *J. Big Data*, vol. 7, no. 1, 2020, doi: 10.1186/s40537- 020-00326-5.

[86] A. Tharwat e T. Gabel, "Otimização dos parâmetros das máquinas de vectores de apoio para dados desequilibrados utilizando o algoritmo do condutor de esqui social", *Neural Comput. Appl.*, vol. 32, no. 11, pp. 6925-6938, 2020, doi: 10.1007/s00521- 019-04159-z.

[87] B. Chatterjee, T. Bhattacharyya, K. K. Ghosh, P. K. Singh, Z. W. Geem e R. Sarkar, "Late Acceptance Hill Climbing Based Social Ski Driver Algorithm for Feature Selection," *IEEE Access*, vol. 8, pp. 7539375408, 2020, doi: 10.1109/ACCESS.2020.2988157.

[88] Y. Zheng e Y. Zhang, "Deteção de limites de disparos abruptos acelerada por GPU".

[89] E. Mendi e C. Bayrak, "Shot boundary detection and key-frame extraction from neurosurgical video sequences," *Imaging Sci. J.*, vol. 60, no. 2, pp. 90-96, 2012, doi: 10.1179/1743131X11Y.0000000005.

[90] G. Cámara Chávez, F. Precioso, M. Cord, S. Philipp-Foliguet, e A. A. Arnaldo de, "Shot boundary detection at TRECVID 2006," *2006 TREC Video Retr. Eval. Noteb. Pap.*, 2006.

[91]R. Priya, T. N. Shanmugam e R. Baskaran, "Um sistema de análise de recuperação de vídeo baseado em conteúdos com características alargadas utilizando 126 Kullback-Leibler," *Int. J. Comput. Intell. Syst.*, vol. 7, no. 2, pp. 242-263, 2014, doi: 10.1080/18756891.2013.871124.

[92]A. F. Smeaton, P. Over, e A. R. Doherty, "Video shot boundary detection: Seven years of TRECVid activity," *Comput. Vis. Image Underst.*, vol. 114, no. 4, pp. 411-418, 2010, doi: 10.1016/j.cviu.2009.03.011.

[93]W. J. Heng e K. N. Ngan, "High accuracy flashlight scene determination for shot boundary detection," *Signal Process. Image Commun.*, vol. 18, no. 3, pp. 203-219, 2003, doi: 10.1016/S0923-5965(02)00139-X.

[94]S. De Bruyne, D. Van Deursen, J. De Cock, W. De Neve, P. Lambert, e R. Van de Walle, "A compressed-domain approach for shot boundary detection on H.264/AVC bit streams," *Signal Process. Image Commun.*, vol. 23, no. 7, pp. 473-489, 2008, doi: 10.1016/j.image.2008.04.012.

[95]J. Yuan *et al.*, "A formal study of shot boundary detection," *IEEE Trans. Circuits Syst. Video Technol.*, vol. 17, no. 2, pp. 168-186, 2007, doi: 10.1109/TCSVT.2006.888023.

[96]P. P. Mohanta, S. K. Saha e B. Chanda, "Uma técnica de deteção de limites de disparos baseada em modelos utilizando parâmetros de transição de fotogramas", *IEEE Trans. Multimed*, vol. 14, no. 1, pp. 223-233, 2012, doi: 10.1109/TMM.2011.2170963.

[97]K. Darabi e G. Ghinea, "Abordagem de abstração de vídeo personalizada centrada no utilizador que adopta características SIFT", *Multimed. Tools Appl.*, vol. 76, no. 2, pp. 2353-2378, 2017, doi: 10.1007/s11042-015-3210-4.

[98]S. Mei, G. Guan, Z. Wang, S. Wan, M. He e D. Dagan Feng, "Video summarization via minimum sparse reconstruction", *Pattern Recognit*, vol. 48, no. 2, pp. 522-533, 2015, doi: 10.1016/j.patcog.2014.08.002.

[99]M. T. Nguyen, A. V. Schweyer, T. L. Le, T. H. Tran e H. Vu, *Melhorando o reconhecimento de glifos de Cham antigos a partir de imagens de inscrição de Cham usando aumento de dados e aprendizado de transferência*, vol. 11808 LNCS. 2019. doi: 10.1007/978-3-030-30754-7_12.

[100] C. Wang, L. Pang, X. Jiang, e L. Jin, "SVD of Shot Boundary Deteção baseada na diferença acumulada", *Proc. - 2020 Int. Conf. Cult. Sci. Technol. ICCST 2020*, pp. 367-372, 2020, doi: 10.1109/ICCST50977.2020.00077.

101. https://trecvid.nist.gov/

Printed by Books on Demand GmbH, Norderstedt / Germany